JIYU NAMIHUA GAIXING DE
GUANGXUE HUOXING JUHEWU DE ZHIBEI JIQI XINGNENG YANJIU

基于纳米化改性的
光学活性聚合物的制备及其性能研究

闫慧君　著

中国纺织出版社有限公司

图书在版编目（CIP）数据

基于纳米化改性的光学活性聚合物的制备及其性能研究／闫慧君著．--北京：中国纺织出版社有限公司，2025.7. -- ISBN 978-7-5229-2881-4

Ⅰ．063

中国国家版本馆 CIP 数据核字第 2025HC6208 号

责任编辑：金　鑫　国　帅　责任校对：王花妮
责任印制：王艳丽

中国纺织出版社有限公司出版发行
地址：北京市朝阳区百子湾东里 A407 号楼　邮政编码：100124
销售电话：010—67004422　传真：010—87155801
http://www.c-textilep.com
中国纺织出版社天猫旗舰店
官方微博 http://weibo.com/2119887771
三河市宏盛印务有限公司印刷　各地新华书店经销
2025 年 7 月第 1 版第 1 次印刷
开本：710×1000　1/16　印张：13.5
字数：168 千字　定价：98.00 元

前　言

光学活性聚合物拥有其他聚合物所无法比拟的独特性质，如手性识别、对映体拆分、不对称催化以及手性记忆等，引起了广大科研工作者们越来越多的关注，已成为近年来高分子领域的研究热点之一。通过分子设计，科学家们合成出了许多不同种类的新型光学活性聚合物，它们在手性分离材料、液晶材料、光电传感器及生物医药等领域都具有非常广阔的应用前景。本书合成了一系列侧链带有手性基团的甲基丙烯酰胺型光学活性聚合物，并分别把该类聚合物制备成高效液相色谱用手性固定相和化学类识别器来考察其手性拆分能力和阴离子识别能力。

本书共分8章，第1章主要介绍了光学活性聚合物材料的研究进展和超交联聚合物的概述。第2章阐述了实验试剂与仪器、超交联手性多孔材料的合成及手性识别性能的研究方法。第3章通过两步酰胺化反应合成了具有光学活性的甲基丙烯酰胺类单体 N-(R)-{[N-(R)-1-苯乙酰胺]-苯基} 甲基丙烯酰胺 (RR-PEBM)、N-(R)-{[N-(S)-1-苯乙酰胺]-苯基} 甲基丙烯酰胺 (RS-PEBM) 和 N-(R)-(苯甲酰胺-苯基) 甲基丙烯酰胺 (R-PMBM)，利用自由基聚合的方法获得了它们相应的聚合物 P (RR-PEBM)、P (RS-PEBM) 和 P (R-PMBM)。实验结果表明单体之间的氢键在聚合物螺旋构象的形成过程中扮演了主要的角色。另外，随着温度的变化，聚合物 P (RR-PEBM) 的螺旋构象较为稳定，但甲醇对其稳定性有一定的破坏作用。

第4章利用自由基聚合法对手性单体 RR-PEBM 和 RS-PEBM 进行聚合，并系统地考察了聚合条件的改变对聚合物性质的影响。研究结果表明，属于稀土金属的三氟甲磺酸盐对聚合物的立构规整度有较大的影响。此外单体 RR-PEBM 与甲基丙烯酸甲酯（MMA）在不同的溶剂中反应可得到共聚物，随着手性单体组分的不断增加，共聚物与单体的光学活性完全相反，这表明共聚物的主链形成了一定的二级结构。第 5 章利用酰胺化和酯交换反应合成了新型手性单体 N-[(R)-α-叔丁氧基羰基苄基] 甲基丙烯酰胺（R-BCBMAM），通过自由基聚合法获得相应的光学活性聚合物 P（R-BCBMAM），并以三氟乙酸为水解催化剂除去叔丁基而得到 P（R-CBMAM）。实验考查了以 P（R-BCBMAM）和 P（R-CBMAM）制备的两种涂敷型高效液相色谱用手性固定相，结果表明它们对部分对映体具有一定的手性拆分能力。利用 ^{1}H-NMR 技术研究了上述两种聚合物与 1,1'-联-2-萘酚（BINOL）的相互作用，结果显示它们对 BINOL 都具有良好的手性识别能力。

第 6 章利用可逆加成—断裂链转移（RAFT）聚合对手性单体 N-(S)-｛[N-(S)-1-苯乙酰胺]-苯基｝甲基丙烯酰胺（SS-PEBM）和 RR-PEBM 进行聚合。聚合物的数均分子量和单体与链转移剂（CDB）的比例呈线性关系，聚合物具有较小的分子量分布（$M_w/M_n = 1.15 \sim 1.23$）。实验系统考察了聚合物的阴离子识别性能，结果表明，与 Cl^-、Br^-、HSO_4^-、AcO^-、NO_3^- 和 $H_2PO_4^-$ 相比，此类聚合物对 F^- 表现出了更高的选择性和灵敏度，而且聚合物也表现出比单体有更高的选择能力。第 7 章和第 8 章通过一步 Friedel-Crafts 烷基化超交联反应，以无水 $FeCl_3$ 为催化剂，无水 1,2-二氯乙烷（DCE）为溶剂，将芳香族手性添加剂与非手性共交联物通过外交联剂二甲氧基甲烷（FDA）进行交联，合成了一系列低成本、高产量、高比表面积的多孔聚合物。通过调控材料合成中手性单体与非手性单体的比例以及种类来研究原料单体组成对合成材料的影响，将合成的材料作为吸附剂或诱导剂来对氨基酸对映体进行拆分，以研究材料的手性识别性能。

　　本书在黑龙江省自然科学基金重点项目（ZD2021E005）的支持下完成。

　　本书由哈尔滨学院闫慧君副教授独立撰写（共计 16.8 万字），由哈尔滨学院孙红镱教授主审，并感谢哈尔滨工程大学白建伟副教授的悉心指导。撰写过程中，参阅了大量相关文献和书籍，虽力求详尽准确，但难免存在不足之处，恳请广大读者提出宝贵意见。

著者

2025 年 6 月

目　录

第1章 绪论

1.1 引言

近几年，光学活性聚合物受到高分子领域科学家越来越多的重视，因为其可应用于分子识别、不对称催化、对映体拆分等领域，其中含有手性结构的单体聚合是获得光学活性聚合物最主要的方法之一。当聚合单体的侧链含有一定的手性单元时，聚合获得的聚合物的主链形成一定的不对称的构象，比如螺旋结构的二级构象。另外，通过分子内和分子间氢键，肽和蛋白质含有的氨基酸能够形成高立构规整的结构，因此，大量的文献已报道含有氨基酸的聚合物能较易获得二级构象。因此，设计并合成具有不同光学活性的聚合物，并考察其结构与性能的内在联系，最终把该聚合物作为功能高分子材料应用于生活实践中，已逐渐成为高分子领域研究的重点。

而且，由于分子识别具有一定的选择性和方向性，其是选择体与识别体有机结合的特殊过程。而如何快速有效地对手性化合物或离子液体进行识别是一个复杂的问题。目前已有大量的相关报道，研究表明，光学活性聚合物是否能够应用于识别领域与其结构有密切的关系，即聚合物结构对其物理和化学性质具有决定性的作用。因此，在设计并合成功能性聚合物时，必须把控以下几个方面：聚合单体的结构、聚合物的聚合方法及聚合物的立构规整度等，大量的文献研究表明聚合物侧链的结构和聚合物的立构规整度对聚合物的性能影响最为显著。例如对苯乙炔类的单体进行聚合时，研究者利用铑催化剂的引发来获得单手螺旋构象的聚合物，这大大提高了该聚合物的性能，如手性分子识别、阴离子识别、不对称催化等；在甲基丙烯酸酯类的单体聚合方面，研究者们把单体的侧链设计成体积较大的基团，通过多种聚合方法都可以获得结构规整的螺旋聚合物，另外，他们在聚合时加入 Lewis 酸作为催化剂，并很大程度上提高了聚合物的立构规整度，这极大提高了此类型聚合物在分子识别领域的应用。

1.2 光学活性聚合物材料的研究进展

1.2.1 光学活性聚合物的概述

光学活性聚合物是现如今科技飞速发展不可或缺的功能高分子材料。光学活性是聚合物具有旋转偏振光振动表面的能力，凡是具有此能力的聚合物都可以称为光学活性聚合物。犹如天然大分子蛋白质所具有的二级结构一样，光学活性聚合物具有独特的性质，通过对单体分子精准的设计，选取合适的条件和聚合方法，同样可以获得具有二级结构（如螺旋、折叠）的大分子，并在现实生活中发挥重要的作用。目前合成类的光学活性聚合物陆续被设计并制备，同时使它们应用于人类生产和生活中的各个方面。

现如今，人们逐渐认识到光学活性聚合物的不对称性能促使高分子材料表现出一定特殊的性能。因此，更多新合成的光学活性聚合物逐渐被研发并应用，特别是在手性拆分和分子识别领域应用最广。20世纪 70 年代是光学活性聚合物研究的鼎盛时期，如 Okamoto、Nolte 等科学家在这一领域做出了卓越的贡献。1979 年，Okamoto 等利用阴离子聚合由非手性单体三苯基甲基丙烯酸甲酯（TrMA）获得螺旋聚合物。通过研究发现：TrMA 庞大的侧基在聚合过程中起了空间位阻的作用，致使聚合物具有螺旋构象，并且他们把这一聚合物应用于高效液相色谱用手性固定相，并实现对部分对映体的完全拆分。另外，Yashima、Tang、Masuda 在光学活性聚合物的设计上也做了大量的研究，他们都合成了不同特殊结构的聚合物。在国内，具有可控的光学活性聚合物的设计和合成研究也在蓬勃发展，如北京大学宛新华教授在手性烯烃的螺旋选择性聚合及螺旋聚合物的结构控制等领域做了大量的研究工作；苏州大学杨永刚教授制备了一系列硅基的单手螺旋无机高分子和有机/无机杂化螺旋纳米纤维；上海大学张阿方教授研究具有树枝状支链的聚合物的结构特性和刺激响应性；北京化工大学邓建平教授研究螺旋聚苯乙炔的结构特性及其对外界条件变化的响应；哈尔滨工程大学张春红副教授研究以手性氨基酸衍生物为侧基的螺旋聚苯乙炔手性固定相的设计与手性识别能力等。他们都在手性聚合物的分子设计和可控方面做了大量的工作，并取得较多的成果。

1.2.2　光学活性聚合物的分类

一般而言，合成立构规整度较高的光学活性聚合物可以通过含有手性单元的单体聚合和由手性引发剂或催化剂诱导含有非手性单元的单体螺旋选择聚合而得到，但是此类聚合单体必须含有体积较大的侧链基团。其中，单体支链手性单元的具体结构或手性引发剂的配位能力决定着聚合物的光学活性。图 1.1 显示了具有代表性的静态螺旋聚合物的合成方法，由于此类聚合物具有体积足够大的侧基，它们的螺旋结构非常稳定，即不会随着外界条件的变化而变化。

1.2.2.1　聚烯烃

聚烯烃是高分子聚合物中最为常见的聚合物，它们一般呈现出的是无序的状态。但在 1955 年，Pino 等利用催化剂 Ziegler-Natta 对手性单体进行聚合得到全同立构的聚烯烃，而且此聚合物在结晶态表现

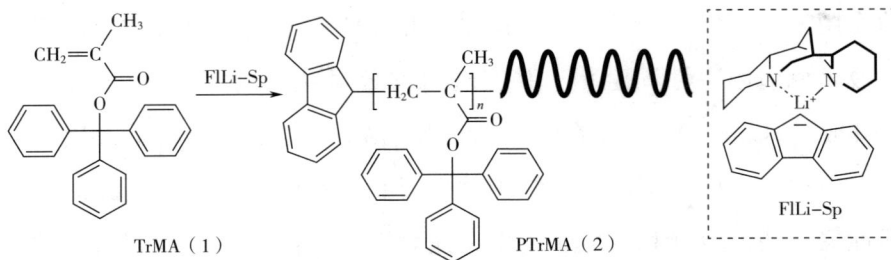

图 1.1　光学活性 PTrMA 的合成

出一定的螺旋构象，但由于动力学的原因，其在溶液中螺旋构象得不到保持。另外，由于聚烯烃在紫外区没有吸收，因此无法通过圆二色光谱来准确地表征其光学活性，只能用旋光仪来对其进行表征。全同立构聚（S）-3-甲基-1-戊烯（图 1.2 中 1）比相对应的单体显示出了更大的比旋光度，其光学活性随着聚合物溶解度降低而降低，但随着测试温度升高，聚合物光学活性反而减小，可能由于升高温度会使聚合物的立构规整度减弱，从而导致其光学活性降低。另外，同类型的聚烯烃也得到进一步的研究（图 1.2 中 2~4）。对于（S）-4-甲基-1-己烯（2）和（R）-3,7-二甲基-1-辛烯（3），聚合物光学活性的增加与相对应单体光学纯度的增加呈非线性关系，相反，单体（S）-5-甲基-1-庚稀光学纯度的增加有利于其聚合物的光学活性的提高。这种情况可能的原因是，单体（S）-5-甲基-1-庚稀侧链的手性单元远离主链，使其对聚合物主链的二级结构没有影响。接下来，他们制备了（R）-3,7-二甲基-1-辛烯和苯乙烯的共聚物，通过苯乙烯在圆二色光谱中信号强度的变化，间接证明了共聚物的光学活性的变化。

除了以上烯烃类聚合物外，宛新华课题组利用自由基聚合法获得一系列三联苯为侧基的聚烯烃（图 1.3）。他们发现，在聚合以后此类聚合物显示了一定的螺旋结构，且螺旋构象非常稳定，至少其光学活性不随温度的变化而变化，同时，这类聚合物还表现出优异的手性记忆能力和一定的液晶性能。

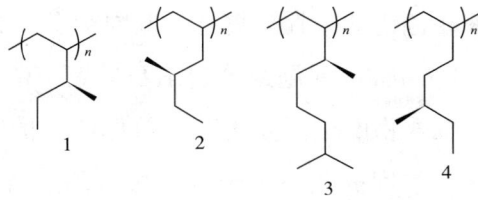

图 1.2 光学活性聚烯烃

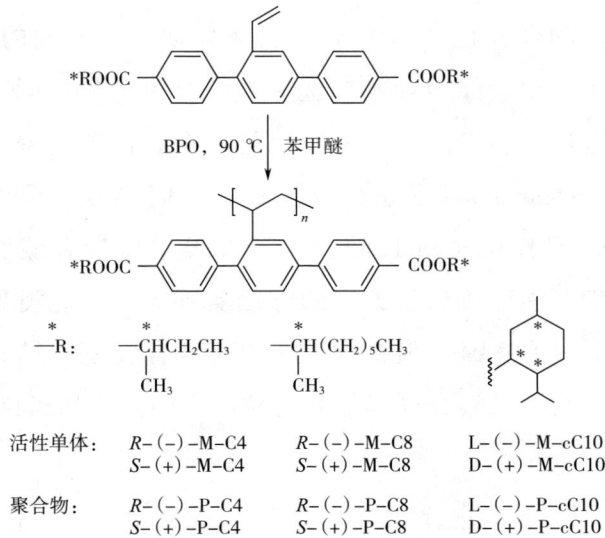

图 1.3 光学活性聚苯乙烯

1.2.2.2 聚甲基丙烯酸酯类和聚甲基丙烯酰胺类

20 世纪 70 年代末，Okamoto 课题组以引发剂 9-fluorenyllithium 和手性配体（−）-sparteine 相互作用通过不对称阴离子聚合，首次用不带手性基团的单体甲基丙烯酸三苯甲酯（TrMA）合成了具有全同立构的螺旋聚合物 poly（TrMA），且 poly（TrMA）具有完全的全同立构规整度（图 1.1）。重要的是，体积较大的三苯基使聚合物在形成过程中保持着一定的螺旋构象。当在溶液中完全水解掉聚合物支链的三苯基时，该聚合物的光学活性明显消失。由此可见，支链的空间位阻在聚合物的螺旋构象中起到显著的作用。另外，Nakano 课题组把此螺旋聚合物应用到高效液相色谱的手性分离柱，其对部分手性化合物表现出较好的识别能力。Kamigaito 课题组通过 RAFT 聚合法对 TrMA 进行了聚合，研究发现，聚合物的全同立构随着单体浓度的降低而增加，可能的原因是在单体低浓度的状态，聚合物主链增长和断链平衡，poly（TrMA）链的末端以 m 形式存在比 r 形式更加稳定。

  自从发现螺旋聚合物 poly（TrMA）后，Okamoto 课题组又制备了一系列类似的聚合物（图 1.4），且系统研究了它们的螺旋结构、光学特征、手性识别能力和螺旋选择性聚合机理等。同时证明：除了阴离子聚合法外，自由基聚合法也是一个获得螺旋聚合物的有效途径。另外，Okamoto 课题也研究了具有全同立构的聚甲基丙烯酰胺类光学活性聚合物（图 1.5）。由于此类单体带有酸性的酰胺质子，因此它们不能通过离子聚合的方法实现聚合。此类聚合物的螺旋性低于 poly（TrMA），但在（±）-薄荷醇存在下，具有大体积支链的单体通过自由基聚合同样能获得较高全同立构的螺旋聚合物。

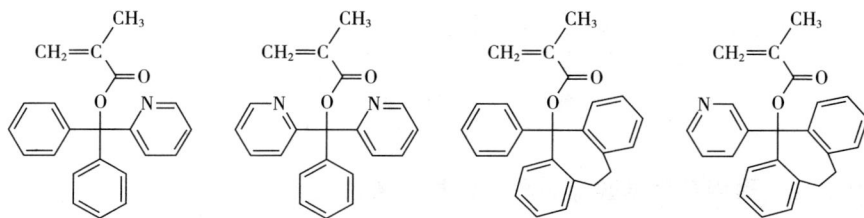

图 1.4　具有光学活性的甲基丙烯酸酯类衍生物

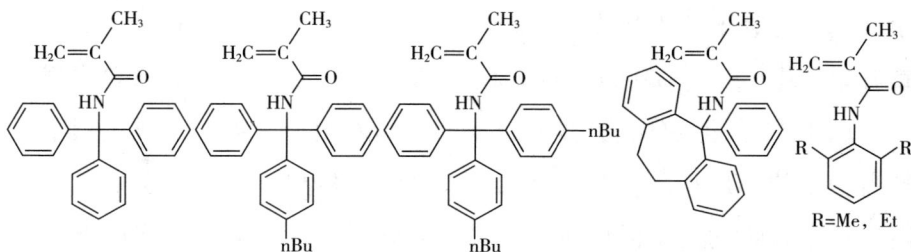

图 1.5　具有光学活性的甲基丙烯酰胺衍生物

1.2.2.3 聚异氰酸酯

具有螺旋结构的聚异氰酸酯是由 Millich 第一次提出的，但 Nolte 课题组对其做了进一步的证明，他们通过液相色谱法直接把消旋化合物拆分成单一对映体，进而测试了单一对映体的光学活性。自从发现了聚异氰酸酯的螺旋结构以后，Green、Salvadori、Hoffman 等课题组对此类聚合物的合成、结构和聚合物的手性特征做了系统的研究。值得一提的是，Gooman 报道了带有手性侧基的螺旋异氰酸酯，并通过 Ni（Ⅱ）催化合成带有手性氨基酸的异氰酸酯聚合物（图 1.6），研究表明，由于链之间分子内氢键的作用，聚合物能够形成稳定的 β-螺旋构象，当加入强酸（如三氟乙酸）时，强酸会破坏聚合链的氢键，而使聚合物失去螺旋性，但能形成氢键的溶剂（如甲醇和二甲基亚砜）不具有这样的能力。另外，此类聚合物的螺旋构象不随温度的变化而变化，即在高温条件下，聚合的光学活性基本恒定。总之，聚异氰酸酯属于静态螺旋聚合物，但它的螺旋特征依靠所含的侧基有一定的变化。

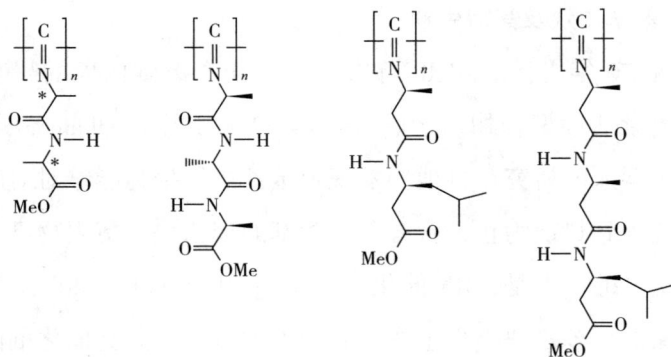

图 1.6 光学活性聚异氰酸酯

除了以上含手性单元的聚异氰酸酯外，还有含手性单元的聚异氰酸酯起诱导作用的情况。Green 等报道了螺旋聚异氰酸酯的手性放大效应，通过研究表明，聚异氰酸酯具有较低的转变能垒，通过共聚聚合物

的螺旋构象能够发生一定的翻转（图 1.7）。由图 1.7 可知，具有螺旋
结构的异氰酸酯共聚物含有非手性单元的组分较多，而含有光学活性的
组分是极少量的（摩尔比小于 1%），通过这极少量的手性单体促使共
聚物形成螺旋构象，这种现象称为"长官与士兵"效应，即少量活性
单体诱导了非手性单体聚合的构象变化。这是一个典型的合作关联现
象，即手性单元是"长官"；非手性单元是"士兵"。这种手性关联模
式已被统计理论所证明。

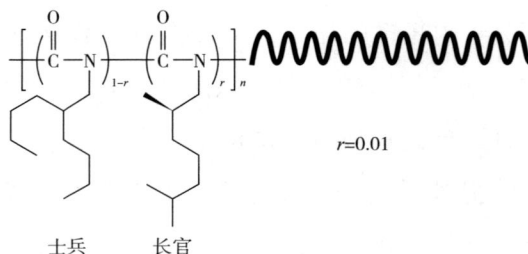

图 1.7　"长官与士兵"效应

1.2.2.4　聚苯乙炔及其衍生物

20 世纪 70 年代，Ciardelli 首次合成了动态螺旋构象的聚苯乙炔类
衍生物的光学活性聚合物。之后 Grubbs、Yashima 和 Okamoto 等对此类
聚合物做了深入的研究，且他们发现聚苯乙炔衍生物能够对对映体进行
有效的分离。到目前为止，含有不同侧基的聚乙炔类衍生物已被大量的
合成，最重要的一点是，Rh 催化剂（如［Rh（nbd）Cl］$_2$）对制备具
有螺旋构象的聚苯乙炔类衍生物具有较大的贡献，此类催化剂能够控制
聚合物的立构规整度（顺—反构象），最终促使聚合物链螺旋构象的形
成。对主链立构规整度的控制是制备单手螺旋构象最主要的因素，如
Percec 课题组制备一系列含有脂肪链侧基的苯乙炔类聚合物（图 1.8），
并考察了聚合物的热稳定性、侧基对聚合物主链的影响及聚合物的螺旋
结构。研究表明聚合物的螺旋构象极其不稳定，尤其是在氯仿溶液中，

X: {§} 结构与 R′, R″, R¹ 取代基：

a: R′=H
b: R′=R¹

a: R′=R″=H
b: R′=R¹，R″=H
c: R′=R″=R¹

a: R=OC$_8$H$_{17}$　　d: R=OC$_{14}$H$_{29}$
b: R=OC$_{10}$H$_{21}$　　e: R=OC$_{16}$H$_{33}$
c: R=R′　　　　　f: R=R^2

a: R=R^1
b: R=R^3

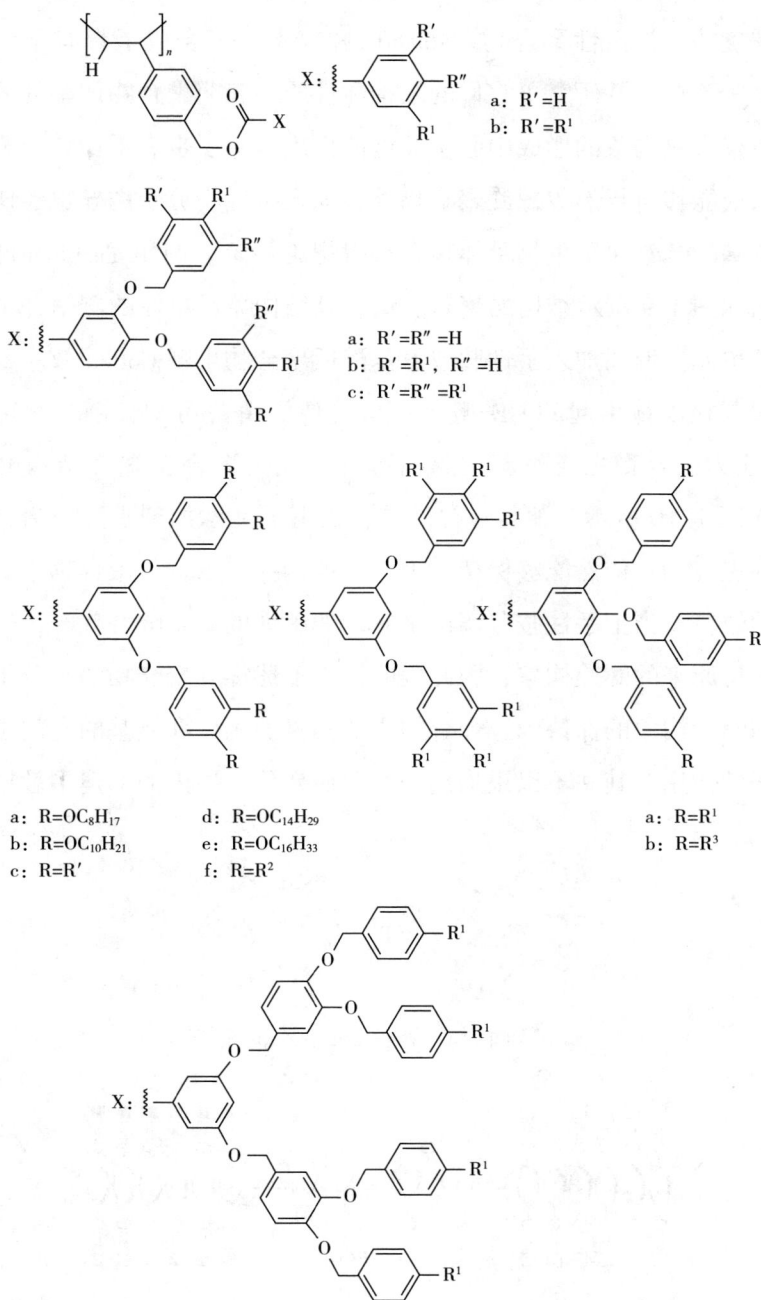

图 1.8　扇形结构的光学活性聚乙炔

聚合物的顺—反异构会发生一定的翻转，即聚苯乙炔衍生物是一类具有动态螺旋的光学活性聚合物。Masuda 和唐本忠等合成了带有不同氨基酸的聚苯乙炔，并研究了它们的结构和性质，表明聚合物侧基的分子内氢键在聚合物构象的形成中起了关键的作用。除了带有手性结构侧基的聚苯乙炔能够自行形成螺旋聚合物外，加入手性小分子诱导也能使不带手性侧基的苯乙炔衍生物单体聚合获得螺旋构象。例如 Yashima 课题组合成出如图 1.9 所示结构的聚苯乙炔，其结构显示单体的侧基并不带有手性的单元，但在加入手性胺或氨基醇后聚合物出现 Cotton 效应，且加入的胺与对映体引起的 CD 型号互呈镜像。由此可知，圆二色的 Cotton 效应为聚合物主链螺旋构象引起的。此类聚合物螺旋结构的诱导过程如图 1.10 所示。值得一提的是，当把手性添加剂去除以后，聚苯乙炔的螺旋构象依然能够保持，因此，他们提出了这是聚合物主链螺旋记忆的效应。当把手性胺分离出来并以非手性的氨基醇替代时，聚合物能够保持原来的螺旋构象，因此表明，在上述螺旋聚合物的小分子手性诱导和螺旋构象的保持中，聚合物主链本身的刚性和侧基的空间位阻有着显著的作用，其并不以添加剂的变化而变化。国内的邓建平教授课题

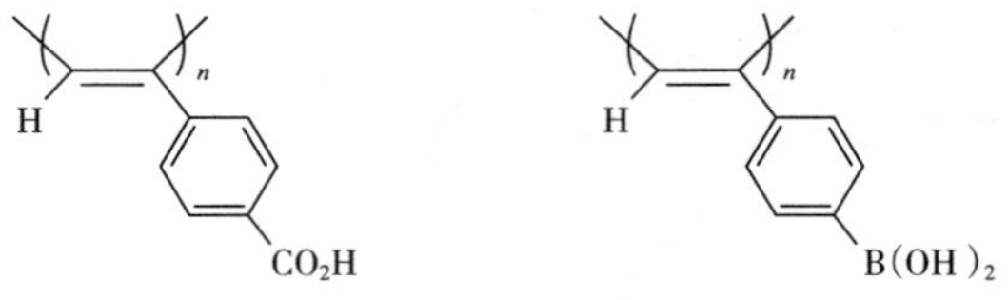

图 1.9　光学活性聚乙炔

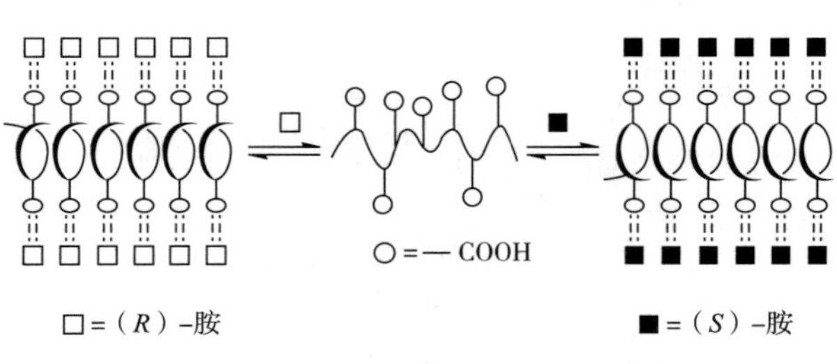

图 1.10　由手性胺诱导的螺旋聚乙炔

组也合成了一系列含有不同侧基的聚炔丙脲、聚炔丙酰胺、聚炔丙硫脲、聚炔丙磺酰胺及其衍生物，系统研究了不同侧基空间位阻、溶剂等聚合条件的改变对聚合物构象的影响。

1.2.2.5　聚硅烷

同聚异氰酸酯相类似，聚硅烷属于 7/3 结构的动态螺旋结构的光学活性聚合物，但是它们也有一定的区别。最初 Fujiki 开始对这类聚合物的手性特征进行研究，Fujiki 课题组合成一系列带有手性侧基的光学活性聚硅烷的均聚物和共聚物（图 1.11）。研究表明，聚合物侧基的结构对聚合物主链的刚性有较大的影响，另外还对聚合物的热稳定性、紫外吸收、圆二色性和荧光具有较明显的影响。另外，他们还发现分子内 C—F⋯Si 键也大大地弱化了聚硅烷的刚性，从而影响了聚合物螺旋构象的稳定性。

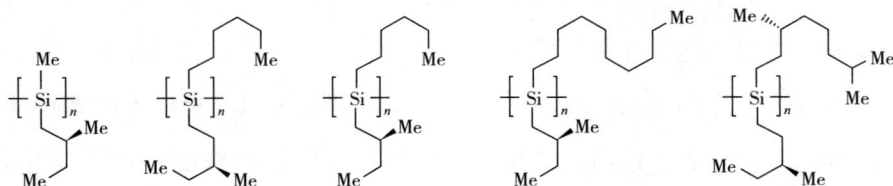

图 1.11　光学活性聚硅烷

1.2.2.6　手性金属有机骨架

金属—有机骨架（MOF）是通过桥联的有机配体和无机的金属中心（金属离子或金属簇）的结合构成的有序网络结构，具有高的比表面积和高度的可调控性。手性金属有机骨架（chiral metal-organic frameworks，CMOF）是以此为基础的一类相对较新的多孔晶体材料，不仅保留了 MOF 的独特优势，还引入了手性因素，使合成材料中形成具有手性的孔道，从而赋予了材料手性识别能力。目前，制备 CMOF 的方法主要有以下 4 种：用手性配体合成；用后修饰法合成；手性模板法合成；合成具有螺旋结构 CMOF。

以手性配体合成法为例，该方法可以通过自行设计合成手性配体以满足 CMOF 所需性质。2010 年，Lin 课题组系统地设计合成了 8 种介孔手性金属有机框架，框架式为［LCu$_2$（溶剂）$_2$］（其中 L 是衍生自 1，1′-双-2-萘酚的手性四羧酸配体），其具有相同的结构但通道大小不同。手性 Lewis 酸催化剂是通过 Ti（OiPr）$_4$ 功能化合成的，并且所得材料被证明对于二乙基锌和炔基锌添加物来说，是一种具有高活性的不对称催化剂，其将芳族醛转化为手性仲醇。这些反应的对映选择性可以通过调节通道的大小来改变，这改变了有机底物的扩散速率。

1.2.2.7 手性共价有机框架

共价有机框架（COF）材料是一种结构可预测性强、孔径易调控、构筑块多样化以及稳定性强的纯有机的晶型多孔材料，结构和功能可调控性较强，非常适合用于研究手性领域。该类材料的合成条件和其他材料不同，需要隔绝外界空气的干扰来进行反应。在其合成过程中，处于相关热动力学作用下的反应单元的官能团之间通过可逆反应不停地重复链接和断开的状态，最后通过排列形成的有序网状结构使 COFs 材料呈现出高度有序的晶体结构特点。

2018 年，Cui 等报道了第一例自下而上合成 3D 手性 COF（CCOF）的方法，由一对 2-重对称的对映体 TADDOL-衍生的四面体四-（4-苯胺基）甲烷的四醛亚胺缩合而得。亚胺键合成再氧化后，骨架转化为酰胺键连接的 COF，既保持了结晶度和永久孔隙率，又增强了化学稳定性。由此得到的同结构 COF 具有 4-重互穿的菱形结构，使骨架拥有手性二羟基助剂修饰的管状通道。合成的 CCOF 可作为手性固定相用于高效液相色谱（HPLC）分离外消旋醇、亚砜、羧酸和酯。

1.2.2.8 手性介孔二氧化硅

介孔二氧化硅（MS）的合成应用已有几十年的历史，孔道结构的特殊性是它的一大特色，除此之外，热稳定性高以及易调控的特点也增加了它的优势。众所周知，两亲分子与硅酸盐的协同组装可以产生具有多种有序介孔结构的介孔硅。现今，将该技术应用于手性介孔二氧化硅（chiral mesoporous silica，CMS）制备中，基于无机试剂与手性或非手性两亲化合物之间的静电相互作用，利用二氧化硅前体与手性或非手性两亲化合物协同自组装合成了 CMS，有利于高有序介孔结构的无机手性材料 CMS 的形成。

2004 年，车顺爱教授课题组首次报道了 CMS 的透射电镜表征。2019 年，Li 等采用 CSDA（APTES-L 和 APTES-D）共缩合法成功合成了开—关手性介孔二氧化硅纳米粒子（On-Off-D-CMSN 和 On-Off-L-CMSN），并重点研究了其在手性环境中传递非手性药物吲哚美辛（IMC）的特殊贡献。其中，On-Off-D-CMSN 的合成示意图见图 1.12。

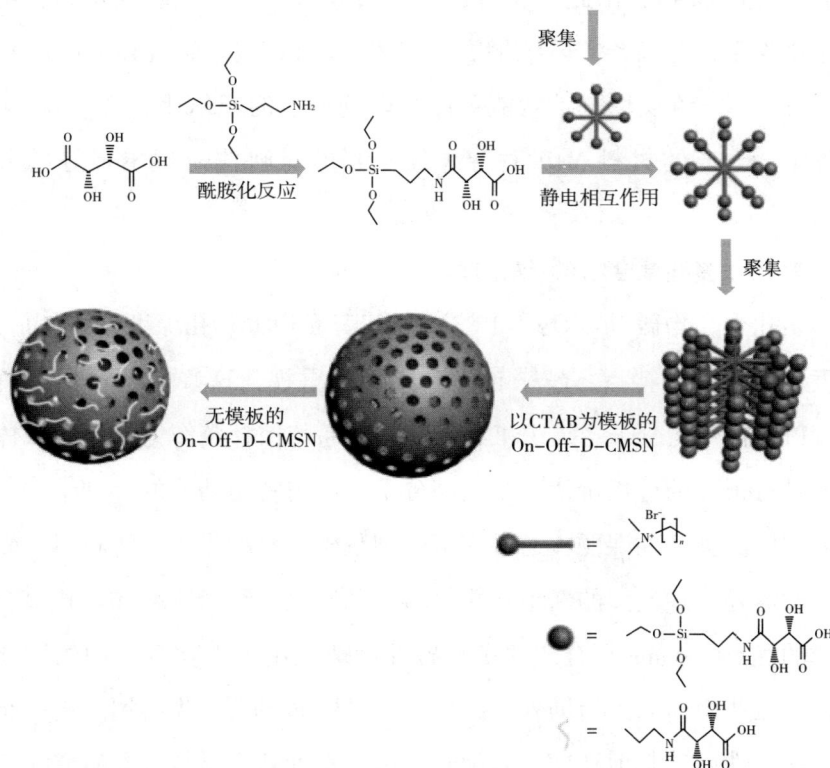

图 1.12　On-Off-D-CMSN 的合成示意图

1.2.2.9 分子印迹聚合物

分子印迹技术（MIT）是制备色谱分离介质，特别是对映体分离的常用技术。我们可以将目标分子作为印迹分子，然后利用分子印迹技术得到相应的分子印迹聚合物（MIP）。通过这种方法得到的 MIP 中具有能够完全匹配模板分子的孔洞，所以当将其用于印迹分子时会表现出"记忆识别"功能。在过去的几十年里，已经有许多关于分子印迹方法用于手性识别的论文被提出，这些研究大多数围绕着印迹分子为 L-芳香氨基酸衍生物，功能单体为甲基丙烯酸（MAA）来展开。1996 年，Hobo 等建立了一种以分子印迹聚合物为手性选择剂的毛细管电泳手性分离方法，该方法中，功能单体为 MAA，交联单体为乙二醇二甲基丙烯酸酯（EDMA），由此合成的 MIP 通过掺入丙烯酰胺凝胶填充在毛细管中用作手性分离，实验结果表明以 L-苯丙氨酸苯胺（L-pheAN）为印迹分子时，在交联剂∶功能单体∶印迹分子的摩尔比为 20∶4∶1 的条件下，合成的材料 MIP 对芳香族氨基酸对映体表现出最好的分离效果。

1.2.2.10 多孔聚合物微/纳米球

多孔聚合物微/纳米球（PPS）以其表面积大、孔隙度好、易加工、密度低等突出的特点，越来越受到人们的重视，这些突出的优点意味着，PPS 在生物分子、组织工程、药物传递与控释及作为催化剂载体等方面具有很高的应用价值。多孔高分子微球与特定功能的合理结合是一个人们广泛关注的课题，通过它可以制备出大量的先进功能材料。多孔磁性微球是一种典型的新型功能材料，利用磁性纳米颗粒和多孔聚合物微球的优点。Wang 等合成的多孔磁性微球可用于去除废水中的阳离子染料。这些微球只需借助外部磁场，就可以简单地回收利用。进一步赋予多孔磁性微球其他功能，有望开发出一系列新型材料。本研究成功地设计和制备了多孔的、有光学活性的磁性微球。据我们所知，在文献中没有关于类似微球的研究。Deng 等首次合成了具有光学活性的磁性 $Fe_3O_4@poly$（N-acryloyl-leucine）逆核/壳复合微球，该微球由 Fe_3O_4 纳米粒子和多孔光学活性微球组成，综合了磁性纳米粒子和多孔光学活性微球的优点。

1.2.3　光学活性聚合物的应用

1.2.3.1　在液相色谱手性分离中的应用

光学活性聚合物具有普通聚合物所不具备的特性，越来越受到重视，且在手性识别、不对称催化和对映体分离等领域有广阔的应用前景，其中作为高效液相色谱用手性固定相来分离对映体是最重要的领域之一。自 1971 年 Davankov 等运用分子型手性固定相（CSP）成功实现对映体的基线分离至今，科学家已经设计并合成了大量的手性固定相材料，且目前一部分已被用作分析化学和制药化学领域必不可少的分离材料。光学活性聚合物在对映体的分离方法中主要分为非色谱法（结晶法、萃取法、泡沫浮选法等）和色谱法（薄层色谱法、气相色谱法、液相色谱法等）。在所有这些方法中，液相色谱是发展最快的方法之一。1995 年，液相色谱分离在手性分离中仅仅占有 37%，而在 2003 年已占有 64% 的份额，而且有逐年上升的趋势。而 CSP 法在液相色谱拆分手性化合物中占有更大的比例。CSP 指的是把手性化合物经过涂敷或键合的方法包裹在硅胶的表面，最后把硅胶复合物制成手性色谱柱，最后在高效液相色谱（HPLC）中应用于手性对映体的拆分的方法，此方法目前是最快捷、最方便且应用最广的分离方法之一。按照分离材料成分来分，主要括改性高分子多聚糖（如纤维素、淀粉和环糊精等）、合成聚合物类［聚（甲基）丙烯酰胺类、聚（甲基）丙烯酸酯类和聚苯乙炔类等］、大环抗生素和蛋白质类等。其中，纤维素和淀粉多聚糖类手性固定相和合成聚合物类手性固定相是两种最为重要的手性固定相，并且一大部分已实现商品化。用于手性固定相的合成高分子包括加聚物、缩聚物和交联凝胶三大类。在加聚物中以聚（甲基）丙烯酰胺类和聚（甲基）丙烯酸酯类手性拆分能力最佳。它们由于具有优异的手性拆分与识别能力，近年来赢得了广泛的关注和大力的发展。

Blaschke 等就首次把合成的聚丙酰胺应用于扁桃酸的手性识别，并显示出很好的识别效果，然后他们利用光学活性的聚甲基丙烯酰胺实现了对手性药物的分离，这为药物的手性分离开创了历史先河。接着有大量的科学家合成大量的手性化合物并应用于高效液相色谱用手性固定相，且收到很好的效果。例如日本学者冈本佳男教授在此领域做出了突出的贡献，他系统地研究了含有大体积侧基的甲基丙烯酰胺和甲基丙烯酸酯类的单体，应用自由基聚合和阴离子聚合的方法，获得一系列具有螺旋结构的手性固定相。

此研究成为合成高分子手性固定相领域重要的里程碑。不仅许多不同种类的外消旋化合物特别是那些芳香族化合物能够通过以 PTrMA 作为手性固定相的高效液相色谱得到分离，而且 PTrMA 对一些大分子化合物也显示出了一定的手性识别能力。继具有光学活性的 PTrMA 的发现之后，许多 PTrMA 的类似物也相继被合成，且它们在手性拆分领域都显示了特殊的能力。但我国在手性色谱柱方面的研究较晚，且其制备成本较高，因此手性分离应用到实践生产中较为缓慢。不过在这几年关于此方面的研究正蓬勃发展，如浙江大学的江黎明教授课题组合成了多种具有光学活性的甲基丙烯酰胺类聚合物，通过键合法合成了新型的手性固定相，并考察其手性识别能力。研究表明，此类手性固定相不仅键合效率较高，而且其对某些对映体具有较好的手性拆分能力。本课题组的张春红副教授开展了以手性氨基酸衍生物为侧基的螺旋聚苯乙炔手性固定相的设计与手性识别能力的研究。最近，本课题组也合成了一系列聚甲基丙烯酰胺衍生物和聚甲基丙烯酸酯衍生物，且发现它们对部分对映体有很好的拆分效果，表明它们在手性拆分领域具有较为广阔的发展前景。

1.2.3.2　在阴离子识别中的应用

阴离子在生命体中广泛存在，其对人类的新陈代谢起着极其重要的作用。而工业化的发展在造福人类生活便利的同时，也打破了自然界阴阳离子的平衡，致使环境中的阴离子直接或间接地影响着人类的健康。例如，农业中磷肥、氮肥的使用引起了河流富营养化，自然界中存在的氟离子能够导致骨质疏松等疾病。而光学活性聚合物能够快速而有效地检测出特定阴离子，甚至能够达到实时检测的程度，对环境的治理有着潜在的应用价值。因此，开发选择性阴离子传感器是当今科学领域研究的热点，设计出可重复利用且快速响应的聚合物敏感材料是主要的方向之一。

另外，侧链含有小分子发色团的聚合物一般都具有一定的光物理性能，但其与小分子还有一定的区别，主要原因：其一，与小分子相比，聚合物较大的黏度促使其发色团的扩散较低，聚合物的激发态的双分子失活较难发生；其二，由于聚合物发色团分布不均匀，发色团主要集中在聚合物主链的周围。一般聚合物的发色团在溶液中易受到激基态、能量转移和邻近基团的干扰等，其中激基缔合物和能量转移对聚合物光物理的影响最大。而光学活性聚合物区别于一般聚合物，能够以一种特殊方式存在，这在自然界特别是生命体中能够起到重要的作用。其中光学活性聚合物主要的一个特点是其结构具有不对称性，能与被识别物有选择地结合并产生一定的识别能力。正是利用这一特性，其作为对映选择传感器在分析、分离等领域具有较大的实用价值。近几年，已有大量文献报道关于光学活性聚合物应用于阴离子的识别。如 2008 年，Kakuchi 等报道了侧链带有脲基和 L-亮氨酸衍生物的苯乙炔，该单体由 Rh 催化剂引发获得螺旋聚合物。当在螺旋聚合物溶液中加入不同阴离子的正丁基铵盐时，聚合物在 CD 谱图中的 Cotton 效应显示了不同的变化，当加入 CH_3COO^-、Cl^-、Br^- 时，螺旋聚合物的紫外发生了很大的红移，且溶液的颜色已由浅黄变为红色；而加入其他阴离子（NO_3^-、HSO_4^-、ClO_4^-、N_3^-、F^- 和 I^-），则螺旋聚合物的紫外、圆二色光谱都没有发生明显的改变。研究表明此类螺旋聚合物对此三类阴离子有较好的识别作用。另外，他们课题组在 2001 年也合成了具有光学活性的树枝状螺旋聚合物，并把它用作阴离子识别器，与上述实验不同，此类聚合物在溶液颜色、圆二色光谱和紫外光谱方面对 F^-、CH_3COO^- 和 Cl^- 具有较好的识别。并且，他们通过 ^1H NMR 对聚合物的离子识别做了进一步的理论探讨，认为聚合物侧基的尿基能够与不同的阴离子形成氢键或配合作用。不同的离子具有不同的电负性和离子半径，导致离子与尿基的作用强弱有较大的差别，所以聚合物通过光学谱对不同阴离子表现出较大的差异。国内的江黎明教授在 2012 年也报道了光学活性聚合物对阴离子识别的报道。他们利用 RAFT 聚合获得了光学活性聚合物，并把其应用到阴离子的识别中。研究表明此类聚合物仅仅对 HSO_4^- 具有选择识别作用，通过圆二色光谱和荧光光谱进一步证明了在加入 HSO_4^- 或加入 OH^- 时，此聚合物的 Cotton 效应能够发生"变化—恢复—变化"的循环过程，这样就使此聚合物具有作为电子开关材料的可能。

1.3 可逆加成断裂—链转移聚合（RAFT）的简介及其应用

目前，自由基聚合法是制备工业级聚合物最主要的方法，但由于其是一类不可控的聚合，聚合物的分子量分布和分子量及其他性能得不到很好的控制，严重影响了聚合物在生活实践中的应用。虽然离子聚合可以获得可控的聚合物，但其反应条件较为苛刻，在实验室的环境基本可以获得较为理想的聚合物，但在工业级别则无法实现单体的聚合。所以，科学界一直希望可控的聚合物能够通过自由基的方法获得，一方面聚合的条件较为容易，另一方面还能保持对聚合物性能的可控。虽然，也有很多研究组提出不同类型的可控聚合，在各个领域也解决了一些科学问题，但它们都或多或少地表现出一定的局限性（如分子量控制不准确、催化剂用量大、催化剂价格昂贵和聚合速度慢等），以至于无法实现对聚合物结构和性能的完全可控。为了克服以上不利因素，如何选择一条较易的"活性"可控自由基聚合法成为目前高分子领域的研究热点。

澳大利亚学者 Rizzardo 在 1998 年的一次高分子会议中首次提出关于"RAFT 聚合"的报告。与原子转移自由基聚合（ATRP）法一样，此方法能够对聚合物的性质实现控制，其对可聚合的单体种类没有限制，这是其最大的优点。采用这种聚合方法可以较为容易地对聚合物分子进行设计，如得到星型、嵌段、梳状等复杂结构的聚合物，其单体可以采用本体、溶液、悬浮和乳液等多种方式聚合，这为制备功能化的新材料提供了一条新的路径。

1.3.1　RAFT 的聚合机理

目前，有许多研究人员采用 NMR 等手段对 RAFT 聚合的机理进行了研究。其聚合机理如图 1.13 所示，具体过程：首先光或热的条件促使引发剂产生自由基 I·，接着单体在 I·的引发下得到活性聚合体 P_n·，P_n·的存在下生成的 R·继续引发单体生成聚合物 P_m·，在反应过程中逐渐实现 P_m·和 P_n·的平衡，最后两者结合获得所需要的聚合物。这里，单体和 RAFT 试剂的比例对聚合物的性质起主要的调控。例如研究人员对甲基丙烯酸甲酯的本体聚合，所得聚合物的分子量比不加链转移剂所得聚合物的分子量明显降低，链转移常数仅仅为 0.74；相同条件下，链转移剂应用于苯乙烯的自由基聚合的链转移常数为 0.95。这些结构表明：链转移剂可以对聚合实现"活性"可控。

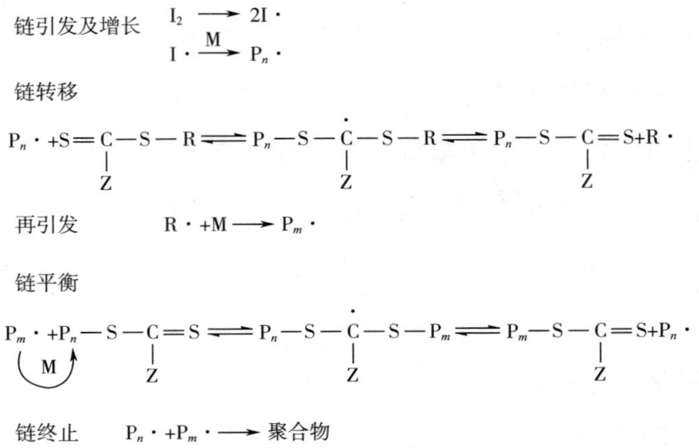

链引发及增长 $I_2 \longrightarrow 2I\cdot$

$I\cdot \xrightarrow{M} P_n\cdot$

链转移

$$P_n\cdot + S=\underset{\underset{Z}{|}}{C}-S-R \rightleftharpoons P_n-S-\underset{\underset{Z}{|}}{\overset{\cdot}{C}}-S-R \rightleftharpoons P_n-S-\underset{\underset{Z}{|}}{C}=S+R\cdot$$

再引发 $R\cdot + M \longrightarrow P_m\cdot$

链平衡

$$P_m\cdot + P_n-S-\underset{\underset{Z}{|}}{C}=S \rightleftharpoons P_n-S-\underset{\underset{Z}{|}}{\overset{\cdot}{C}}-S-P_m \rightleftharpoons P_m-S-\underset{\underset{Z}{|}}{C}=S+P_n\cdot$$

链终止 $P_n\cdot + P_m\cdot \longrightarrow$ 聚合物

图 1.13   RAFT 聚合的机理

1.3.2   RAFT 试剂的结构

以上表述可知 RAFT 聚合反应必须有链转移剂的参与来调控聚合物。而在链转移剂二硫代酯分子结构中 Z 能活化 C =S 对自由基加成的基团，如烷基和芳基等；R 是活泼的自由基离去基团，在加热、光照等条件的影响下就会断键生成较为活泼的 R · ，如异丁腈基、异丙苯基等。此时自由基就会进一步引发单体的聚合，其结构如图 1.14 所示。

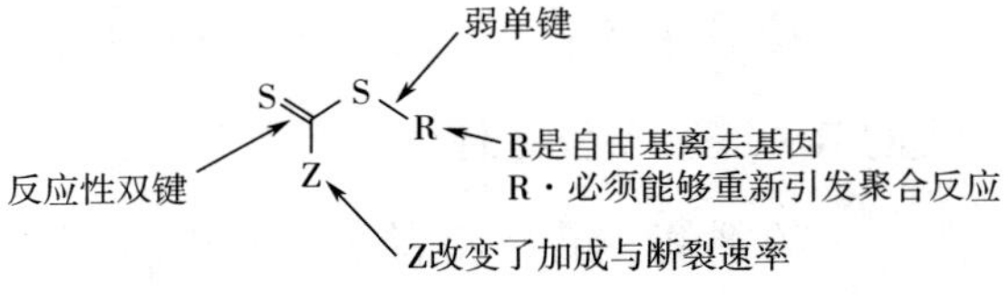

弱单键

反应性双键

R 是自由基离去基因
R · 必须能够重新引发聚合反应

Z 改变了加成与断裂速率

图 1.14   RAFT 试剂的化学结构

根据 Z 基团可以把 RAFT 试剂主要分为以下 4 类：

（1）二硫代酯类，其结构如图 1.15 所示。

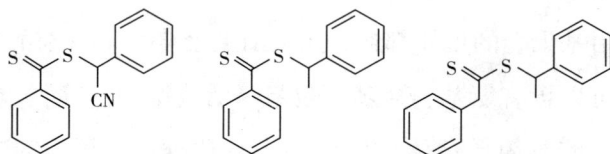

图 1.15　二硫代酯结构

（2）二硫代氨基甲酸酯类，其结构如图 1.16 所示。

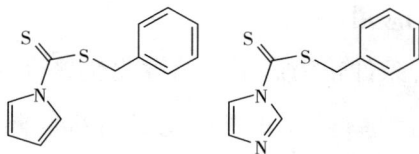

图 1.16　二硫代氨基甲酸酯的结构

（3）黄原酸酯类，其结构如图 1.17 所示。

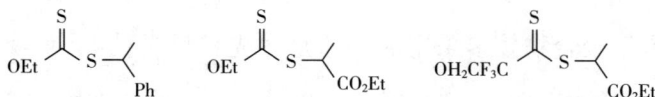

图 1.17　黄原酸酯的结构

（4）三硫代碳酸酯类，其结构如图 1.18 所示。

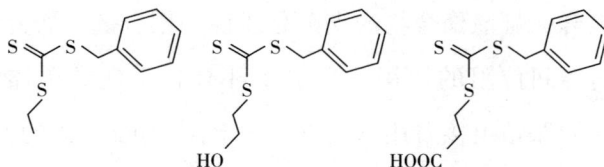

图 1.18　三硫代碳酸酯的结构

1.3.3　RAFT 聚合适用单体

在自由基聚合的基础上加入 RAFT 试剂就可以实现链转移的聚合，一般适合自由基聚合的单体都适合用 RAFT 聚合获得可控的聚合物，如其聚合单体可以含有氨基、羟基、羧基等活泼基团。除了苯乙烯、（甲基）丙烯酸甲酯等简单单体可以使用本方法外，还可以对功能化的单体（如发光、光学活性等）实现可控聚合。另外，RAFT 试剂还可以对水溶性的单体在水相中对其实现可控聚合。

1.3.4　RAFT 聚合的应用

由于 RAFT 聚合条件较为简单，稍微改变聚合的条件（如引发剂、单体和 RAFT 试剂等）就可以获得性能不同的聚合物。经过大量的研究，在 RAFT 试剂的终端加入其他易功能化的基团，可以设计及制备不同特性的聚合物，如星型、梳状、嵌段结构等特殊类型的聚合物。

1.3.4.1　合成星型聚合物

目前，许多科学家都对合成星型聚合物产生了浓厚的兴趣。RAFT 聚合合成星型聚合物较多采用的方法是"先核后臂法"，此类方法主要是先合成多臂的 RAFT 试剂，接着单体以 RAFT 试剂为切入点进行聚合得到星型聚合物。

Martina 课题组利用 RAFT 聚合方法分别在 80 ℃、100 ℃ 和 120 ℃ 合成了聚苯烯类的星型聚合物，聚合物的分子量分布表明聚合过程是一个活性可控聚合，且该聚合物的支链是线性的聚合链。研究结果表明由于 RAFT 试剂空间位阻的作用，高温条件有利于此类单体的 RAFT 聚合。另外，他们课题组接着用含有 7 个三硫代碳酸基团的 β-环糊精作为 RAFT 试剂，利用聚苯乙烯作为支链合成星型结构的化合物。但这种结构的聚合物的合成与聚合温度、RAFT 试剂的浓度及产物转化率都有一定的关系。只有在低的聚合浓度才能制备出七臂的聚苯乙烯类的星型聚合物，且这种方法也适合制备星型结构的嵌段聚合物。另外，也有别的课题组利用 RAFT 聚合合成了不同结构和形貌的星型聚合物，并对它们的结构和性能做了进一步的研究。

1.3.4.2 合成梳状聚合物

梳状聚合物的合成有两种方法：其一，首先合成聚合物链，在聚合物侧链上链接 RAFT 试剂，然后通过 RAFT 试剂进行另外一种单体的聚合；其二，和 ATRP 相类似，先把引发剂的片段连接到聚合物的支链上，接着加入烯类单体实现 RAFT 聚合合成梳状型聚合物。

Quinn 课题组首先利用 RAFT 聚合合成了对氯甲基苯乙烯和苯乙烯的共聚物，接着在活泼基团氯上嫁接新的 RAFT 试剂，最后由 RAFT 试剂引导合成苯乙烯的聚合支链，从而形成梳状型聚合物。通过改变聚合温度和单体的浓度获得一系列梳状不同的聚合物，且该支链的均聚物呈线性的关系。另外，国内朱秀林课题组近年来也对梳状聚合物做了较为系统的研究。他们首先是利用 TEMPO 法合成了对氯甲基苯乙烯和苯乙烯的共聚物，也是把 RAFT 试剂连接到活泼基团氯上，通过 RAFT 试剂引导再把单体 NIPAAM 聚合获得梳状型聚合物。最后，他们通过 NMR、红外、荧光和扫描电镜等图谱表明合成的该类聚合物有一定的可控性。

1.3.4.3 合成嵌段共聚物

与合成梳状聚合物相类似，首先把 RAFT 试剂链接到大分子的端基碳上，接着实现另一种单体的聚合，从而实现嵌段形式的共聚物。其聚合机理如图 1.19 所示，聚合物链在大分子 RAFT 中为 R 基团，这里选取 R 的作用非常关键，如若 R 选择不好则会导致聚合失败。一般聚合物链的离去能力呈以下顺序递增：丙烯酸酯基<苯乙烯基<甲基丙烯酸酯基。

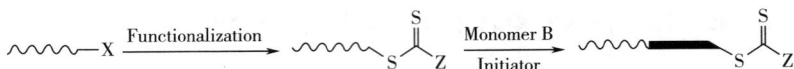

图 1.19 嵌段聚合物的 RAFT 聚合过程

目前，已有大量的文献报道 RAFT 聚合法制备嵌段共聚物。如 Gaillard 课题组利用 RAFT 法合成了丙烯酸和丙烯酸丁酯的嵌段共聚物，其共聚物具有分子量分布较小，且可控的特点。在研究中，他们发现可以通过一锅法合成丙烯酸链较短的共聚物，且把此类聚合物应用于表面活性剂，对其在乳液中的应用进行了一系列的测试。Brent 等在水相中也合成了 AMPS 和 AMBA 的嵌段共聚物，并考察了酸碱性对嵌段共聚物性质的影响，当在酸性条件时，获得的共聚物能对有机小分子物质起增溶作用。另外，国内学者庄荣传等合成了第一嵌段和第二嵌段分别为苯乙烯和聚甲基丙烯酸酯的共聚物，他们考察了引发剂用量对嵌段共聚物性质的影响，并确定了最佳用量，接着他们用此条件合成了多种嵌段共聚物并考察了它们的性质。

1.3.4.4　合成端基功能化聚合物

目前，大量的研究者都在设计及制备各种有特殊功能的新材料，而且功能化的高分子聚合物越来越受到研究人员的重视。通过 RAFT 聚合获得的聚合物的末端带有活性较高的基团，其为聚合物的进一步修饰提供了机会。因此选择合适的 RAFT 试剂是实现聚合物功能化的前提。到现在为止，已有较多文献报道设计 RAFT 试剂的 R 基并制备功能化聚合物，其中报道中 R 多为羧基、硅氧基、羟基、叠氮基及磺酸基等基团。Rizzardo 等将含有香豆素的苯乙烯衍生物应用到 RAFT 试剂中，获得带有发色团的 RAFT 试剂，且获得分子量分布（$M_w/M_n = 1.1$）较小的聚合物。接着向聚合物中引入亲水性的聚丙烯酸获得两性的嵌段共聚物，并探讨了这类聚合物的荧光性能。国内朱秀林课题组也开展了端基功能化聚合物的研究工作。他们制备了 R 基团为稠环芳烃的 RAFT 试剂，并用于苯乙烯等单体的聚合，且得到端基为荧光基团的功能高分子材料。

1.4　超交联聚合物概述

1.4.1　超交联聚合物简介

超交联聚合物（hyper-cross-linked polymers，HCPs）是一类基于傅克反应制备出的具有丰富微孔结构的有机多孔聚合物，通过傅克烷基化反应，材料内部单体尽可能地相互交错并发生连接反应，由此赋予HCPs 材料致密的网络结构、丰富的微孔和十分稳定的框架结构。在HCPs 的制备反应过程中，若反应进行的程度越大，所得到的聚合物网络结构也会越发地表现出极大的刚性，这种刚性结构又会反过来抑制单体交联形成的聚合物链的收缩，因而就不得不在分子链间形成一些空隙，即形成了多孔结构。同时，由于该类聚合物的交联网络的高度刚性，所以 HCPs 材料的多孔结构一般也比较稳定，微孔体积较大。有人根据不同需求利用不同功能性质的单体合成了不同种类的 HCPs 材料，所开发出的此类材料的功能也得到了极大的拓展和提升。多年的发展使合成超交联聚合物的方法和创意层出不穷，这也使 HCPs 材料得到了广泛的开发和应用。

1.4.2　超交联聚合物研究进展

HCPs 材料的起源较早，最早可以追溯到 1971 年报道的"Davankov"树脂，该材料是由聚苯乙烯发生超交联反应后所制得的材料。其具体的制备原理是，将可溶胀的苯乙烯—二乙烯基苯类共聚物（PS-DVB）或线性可溶的聚苯乙烯类高分子在溶剂中通过分子链之间深度交联从而形成孔道。2006 年，Sherrington 等以一类特殊的共聚物作为反应前体，深入而系统地研究了这一类材料孔径大小及其分布的影响因素。之后，Tan 等又以一类典型的 VBC-DVB 共聚物入手，通过对此类树脂的合成条件的调整，实现了对这类多孔材料孔径的精确控制。一般而言，利用某种高分子化合物前体交联制备"此类 HCPs 材料，首先必须要知道如何反应合成该高分子前体，然后将制备的前体进行深度反应从而构造出孔道；这一过程反应步骤多，能够参与反应的聚合物前体种类也有限。2007 年，Cooper 等提出利用某种带有氯甲基的小分子物质作为反应单元，通过傅克反应使小分子之间自我缩聚从而构建 HCPs 材料。同时，他们也对进行此种反应的具体条件进行了系统探究。2017 年，Jiang 等通过含苯环或多个苯环的芳香族化合物与一类外交联剂的直接交联，在无须特殊的反应条件下合成了一种超交联多孔聚合物纳米管，通过这一反应制备的纳米空心管的壁厚十分均匀。

1.4.3 超交联聚合物制备方法

根据 Tan 等的相关论文，通过 Friedel-Crafts 烷基化反应制备超交联聚合物 HCPs 的方法一般分为 3 类，下文将对这 3 类方法分别进行举例介绍。

（1）含官能团聚合物前体的后交联法。如图 1.20 所示，以 DCE 为溶剂，Lewis 酸为催化剂，一种后交联反应的有效前体二乙烯基苯—氯甲基苯乙烯共聚物（DVB-VBC）分子链上的氯甲基基团与相邻的苯环发生 Friedel-Crafts 烷基化反应，脱去了分子末端的氯原子并与相邻苯环连接，形成了一种高度交联网络结构。

（2）功能化小分子单体自缩聚一步法。如图 1.21 所示，利用含羟甲基官能团的苄醇类单体如苯二醇（BDM），通过 Friedel-Crafts 烷基化反应自缩聚形成了具有高比表面积的超交联微孔聚合物（HCP-BDM）。

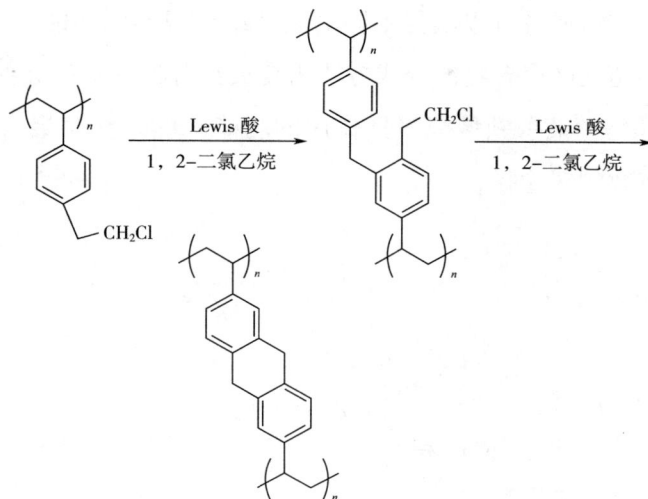

图 1.20 二乙烯基苯—氯甲基苯乙烯树脂的后交联

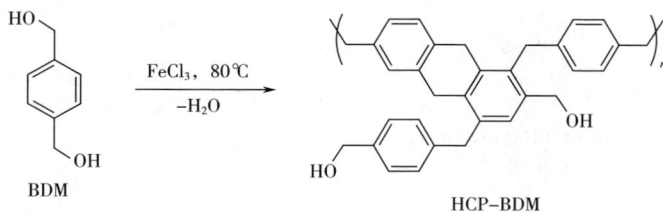

图 1.21 超交联苯二醇的自缩聚

（3）通过外交联剂编织刚性的芳香族单体法。如图 1.22 所示，利用外交联剂二甲醇缩甲醛（FDA）通过 Friedel-Crafts 烷基化反应"编织"低官能度刚性芳香族化合物，一步高效地合成高比表面积的微孔聚合物网状结构。该方法即为通过外交联剂编织刚性的芳香族单体法。

该方法的优势主要有以下 4 点：第一，用于 HCPs 材料合成的反应条件温和，原料也相对廉价，可进行大规模的工业化生产；第二，可参与构建的反应单元来源十分广泛，即参加聚合反应的单体单元无须含特定的官能团来使反应成功进行；第三，通过该反应所得到的聚合物网络具有微孔数量多、比表面积高的优点；第四，通过改变参加反应的构建单元的种类或组成，可以获得不同的微孔结构或不同功能的交联网络。因此，这种超交联聚合物的合成方法为合成具有独特微观形貌或者特殊性能（尤其是在某一领域能发挥作用的功能）的超交联聚合物提供了一种简单有效的新途径。

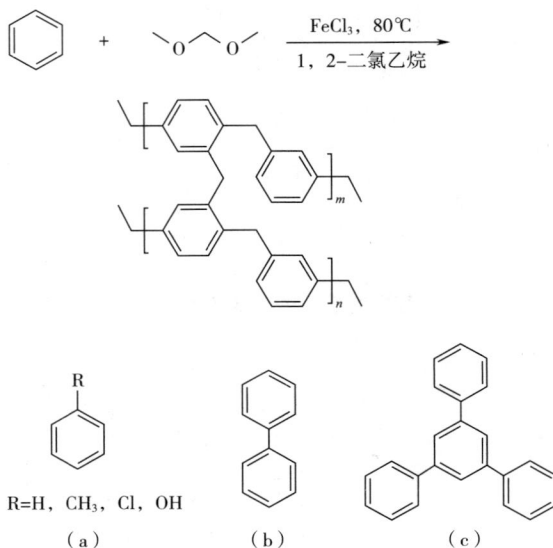

图 1.22　外交联剂聚合法编织刚性芳香骨架

这 3 种方法中，前两种方法均采用有机小分子的自缩合，这种做法扩展了单体单元的选择范围，对具有更多功能的材料进一步开发是有利的。但是这种方式合成超交联聚合物要求所用到的单体单元必须含有可消除官能团，因此也增加了此类聚合物的制备成本。并且，目前较常使用的一些用于消除的官能团，在反应过程中也会难以避免地生成副产物，这些副产物大多有害，会对生产设备、实验环境甚至研究人员的身体健康造成威胁。因此，第三种方案，即采用外交联剂 FDA 通过 Friedel-Crafts 烷基化反应连接低官能度的刚性芳香族化合物形成 HCPs 的方法，既不需要交联单体具有特定官能团也不会产生过多有害副产物，还能够高效地合成微孔聚合物网络结构。相比前两种方案，这种超交联聚合物合成方法优势巨大。

1.5 选题依据和研究内容

1.5.1 选题依据

光学活性聚合物具有普通聚合物所不具备的特性，越来越受到重视，其目前是高分子科学领域中的一个研究热点，它们犹如天然手性大分子（如纤维素、淀粉、蛋白质和核酸等）一样具有与生命活动密切相关的特殊功能，不仅能够促进药物化学和生命科学的持续发展，而且还可以在分子手性拆分、阴阳离子传感识别、不对称催化和可发射偏振光的电致发光器件等领域有广阔的应用前景。但光学活性聚合物的空间立体结构对其性能有较大的影响。早期 Okmoto 等科学家在这方面做了大量的研究，他们通过加入稀土金属来调控聚合物的立构规整度，从而实现聚合物的功能化。

光学活性聚合物的研究不仅是一个化学问题，还牵涉到生命科学、环境科学和材料科学。随着科学的进步，人们对手性药物表现出不同生物活性的认识不断加深，对获得单一对映体的需求不断增加，对纯度要求也越来越高。因此，手性分离技术越来越引起科研工作者的关注。手性分离方法包括结晶法、衍生法、生物拆分法和色谱法等。而高效液相色谱法（HPLC）具有操作条件简单，不会发生分离物构型变化和活性被破坏等优点，现已成为发展最快、应用最广泛的分离方法，而且这种方法能够获得 100% 光学纯的单一对映体。例如由液相色谱分离的单一异构体药物阿托伐他汀，2001 年的销售额已超过 55 亿美元，2003 年资料表明该药占有美国市场 41% 的份额，销售额达到上百亿美元。由此可见，液相色谱法分离手性药物有着广阔的应用前景和巨大的市场需求。

另外，为了自然界元素的平衡，阴离子广泛存在于自然界和生物体内。但随着工业社会的发展，阴离子在化学化工、环境、生命科学、医药、催化等领域具有越来越重要的作用，所以如何识别并利用阴离子已成为高分子化学领域备受关注的研究课题。与阳离子和中心原子相比较，阴离子具有空间几何构型多变、离子半径较大、电荷密度较小且易受溶剂效应的影响等特点，使对其识别有一定的制约。通常的方法是设计和合成易与阴离子形成配合物和氢键的小分子或聚合物对其进行识别，其中应用到的研究方法主要包括色谱法、热力学法、光谱法和电化学法等。由于光谱法具有操作简便、测试时间较短、灵敏度较高等优点，其在以上测试方法中应用最广。而应用光学活性聚合物检测阴离子常用的光谱法主要包括紫外—可见分光光度法、核磁共振波谱法、荧光光谱法和圆二色光谱法。这极大地丰富了阴离子检测的方法和手段。目前，已有大量的研究表明：聚合物是通过与阴离子形成氢键从而对其进行识别的，因此，设计可作为氢键供体和氢键受体的基团（如 N—H、O—H）或强氢键受体的基团（C≕O）的聚合物是我们研究的主要方向。因此，本书通过改变不同的聚合条件、单体侧基的结构和光学活性来获得结构不同的聚合物，并考察它们的手性识别能力和阴离子选择性，为实现该类聚合物的功能化提供理论依据和实践基础。

1.5.2　研究内容

（1）光学活性甲基丙烯酰胺类单体的合成及表征。通过酰胺化反应和酯交换反应合成 5 种单体 RS-PEBM、RR-PEBM、SS-PEBM、R-PMBM 和 R-BCBMAM，并利用 IR、^{1}H NMR、TG、DSC 等一系列测试手段对中间产物和最终产物进行结构表征；

（2）聚甲基丙烯酰胺类衍生物的自由基聚合。采用 AIBN 为引发剂，以 THF、CHCl$_3$、甲苯、MeOH 等为聚合溶剂，获得单体 RS-

PEBM、*RR*-PEBM 和 *R*-PMBM 的均聚物，并考察侧基相同但光学活性不同的单体对聚合物构象的影响，利用核磁共振氢谱和红外光谱探讨聚合物形成不同构象的机理，表明单体中远离主链的手性单元对聚合物构象的形成起着决定性的作用；同样采用自由基聚合法，通过加入 Lewis 酸来对手性单体进行聚合，改变溶剂种类、Lewis 酸浓度及种类来调节聚合物的立构规整度和光学活性；另外，采用自由基聚合的方法实现单体 *RR*-PEBM 和 MMA 的共聚，通过改变 MMA 的量实现对共聚物光学活性和玻璃化转变温度的控制。

（3）聚甲基丙烯酰胺类衍生物的可逆加成—断裂链转移聚合。采用 AIBN 为引发剂和 CDB 为链转移剂，以甲苯为聚合溶剂，获得单体 *SS*-PEBM 和 *RR*-PEBM 的均聚物，通过改变单体的浓度来调控聚合物的分子量和光学活性，实现对聚合物结构和性能的控制。

（4）手性聚合物材料的制备及其手性拆分能力的研究。由 *R*-BCB-MAM 的均聚物和 *RR*-PEBM 和 MMA 的共聚物制备涂敷型高效液相色谱用手性色谱柱，并通过 HPLC 分别考察它们的手性分离能力；通过一步 Friedel-Crafts 合成一系列低成本、高产量、高比表面积的手性多孔聚合物，进一步将其作为手性吸附剂或手性诱导剂用于对映选择性吸附或结晶，探索该类聚合物对手性氨基酸对映体的特异性识别能力。

（5）考察聚甲基丙烯酰胺类衍生物的阴离子识别能力。由 RAFT 聚合获得 *SS*-PEBM 的聚合物制备阴离子识别的母液，并利用紫外—可见光谱、荧光光谱、圆二色光谱和核磁共振氢谱考察了聚合物对阴离子的识别能力及其识别机理。

第2章 实验设计

2.1 实验试剂与仪器

2.1.1 实验材料

本书实验过程中所用的主要试剂见表2.1。

表2.1 实验试剂

试剂名称	规格	分子式	生产厂家
(R)-苯甘氨酸	A. R.	$C_8H_9NO_2$	上海晶纯实业有限公司
(S)-苯甘氨酸	A. R.	$C_8H_9NO_2$	上海晶纯实业有限公司
(R)-苯乙胺	A. R.	$C_8H_{11}N$	上海晶纯实业有限公司
(S)-苯乙胺	A. R.	$C_8H_{11}N$	上海晶纯实业有限公司
甲基丙烯酰氯	A. R.	C_4H_5Cl	天津科密欧化学试剂有限公司
乙酸叔丁酯	A. R.	$C_6H_{12}O_2$	天津市富宇精细化工有限公司
偶氮二异丁腈	A. R.	$C_8H_{12}N_4$	天津科密欧化学试剂有限公司
苄基氯	A. R.	$C_6H_5CH_2Cl$	天津科密欧化学试剂有限公司
甲醇钠	A. R.	CH_3ONa	天津科密欧化学试剂有限公司
α-甲基苯乙烯	A. R.	C_9H_{10}	天津科密欧化学试剂有限公司
对甲苯磺酸	A. R.	$C_7H_8O_3S$	天津科密欧化学试剂有限公司
1-羟基苯并三唑	A. R.	$C_6H_5N_3O$	天津科密欧化学试剂有限公司
正己烷	G. R.	C_6H_{12}	天津科密欧化学试剂有限公司
异丙醇	G. R.	C_3H_8O	天津科密欧化学试剂有限公司
EDC	A. R.	$C_8H_{17}N_3$	上海晶纯实业有限公司

续表

试剂名称	规格	分子式	生产厂家
三氟甲基磺酸钪	A.R.	$Sc(OTf)_3$	上海晶纯实业有限公司
三氟甲基磺酸钕	A.R.	$Nd(OTf)_3$	上海晶纯实业有限公司
三氟甲基磺酸镧	A.R.	$La(OTf)_3$	上海晶纯实业有限公司
三氟甲基磺酸镱	A.R.	$Yb(OTf)_3$	上海晶纯实业有限公司
三氟甲基磺酸钇	A.R.	$Y(OTf)_3$	日本东京关东试剂
1,2-二氯乙烷	A.R.	$C_2H_5Cl_2$	天津市富宇精细化工有限公司
无水乙醇	A.R.	C_2H_7O	天津科密欧化学试剂有限公司
甲醇	A.R.	CH_4O	天津市富宇精细化工有限公司
氢化钙	A.R.	CaH_2	上海市奉贤奉城试剂厂
苯乙酮	A.R.	$C_6H_5COCH_3$	上海阿拉丁试剂有限公司
对甲苯磺酸一水合物	A.R.	$C_7H_{10}O_4S$	上海阿拉丁试剂有限公司
二甲氧基甲烷	A.R.	$C_3H_8O_2$	上海笛柏生物科技有限公司
无水三氯化铁	A.R.	$FeCl_3$	上海阿达玛斯试剂有限公司
苯	A.R.	C_6H_6	天津科密欧化学试剂有限公司
芘	A.R.	$C_{16}H_{10}$	上海笛柏生物科技有限公司
苯丙氨酸	A.R.	$C_9H_{11}NO_2$	上海阿拉丁试剂有限公司
色氨酸	A.R.	$C_{11}H_{12}N_2O_2$	上海阿拉丁试剂有限公司
酪氨酸	A.R.	$C_9H_{11}NO_3$	上海阿拉丁试剂有限公司
苯丙氨醇	A.R.	$C_9H_{13}NO$	上海阿拉丁试剂有限公司
苏氨酸	A.R.	$C_4H_9NO_3$	上海笛柏生物科技有限公司
谷氨酸	A.R.	$C_5H_9NO_4$	上海笛柏生物科技有限公司
丙氨酸	A.R.	$C_3H_7NO_2$	上海笛柏生物科技有限公司
氮气	高纯气体	N_2	哈尔滨黎明气体有限公司
氯化锌	A.R.	$ZnCl_2$	天津科密欧化学试剂有限公司

注　A.R. 表示分析纯；G.R. 表示色谱纯。

2.1.2　实验仪器

本书用到的仪器列于表 2.2。另外还用到北京欣维尔玻璃仪器有限公司等其他公司生产的小型玻璃仪器。

表 2.2　实验仪器

名称	型号	生产厂家
红外光谱	Spectrum 100	美国 PE 公司
核磁共振波谱仪	Avance Ⅲ-500	德国布鲁克仪器有限公司
凝胶渗透色谱仪	Waters 600	美国 Waters 仪器公司
热重分析仪	Q50	美国 TA 仪器公司
圆二色光谱仪	J-815	日本分光（JASCO）公司
旋光分析仪	PL341	美国 PE 公司
高效液相色谱仪	UV-2070/CD-2095	日本分光（JASCO）公司
差热分析仪	Q200	美国 TA 仪器公司
真空干燥箱	DZ-1A	天津泰斯特仪器有限公司
电热鼓风干燥箱	101-1AB	天津泰斯特仪器有限公司
旋片式真空泵	2XZ（S）-2	上海德英真空照明设备有限公司
循环水式真空泵	SHZ-D（Ⅲ）	巩义市予华仪器有限责任公司
数控超声清洗器	KQ5200DE	昆山超声仪器有限公司
离心机	CT14D	上海天美科学仪器有限公司
恒温磁力搅拌器	IKA C-MAG HS7	IKA 广州仪科实验技术有限公司
旋转蒸发仪	CCA-1111	上海爱朗仪器有限公司
拍柱机	RPL-ZD10	大连日普利科技有限公司
紫外分析仪	ZF-1	江苏海门市其林贝尔仪器制造公司
冷却水循环装置	EYELA CCA-111	上海爱朗仪器有限公司
pH 计	PB-10	德国 Sartorius 公司
孔隙及表面积分析仪	SSA-4200	彼奥德电子分析仪器有限公司
扫描电子显微镜	JSM-6480	日立公司
X 射线光电子能谱仪	Bruker D8	德国 Bruker 公司
油浴锅	EYELA OSB-2000	上海爱朗仪器有限公司
电子天平	FA2004	常熟市长青仪器仪表厂

2.1.3 试剂的纯化和处理

（1）四氢呋喃、氯仿、二氯甲烷、甲醇等低沸点溶剂用氢化钙干燥，接着采用常压蒸馏法蒸馏，去除前馏分后，用溶剂存储球瓶收集，在氮气氛围存储。

（2）二甲基亚砜、甲苯、二甲基甲酰胺、二甲基乙酰胺等高沸点溶剂用氢化钙干燥，接着采用减压蒸馏法蒸馏，去除前馏分后，用溶剂存储球瓶收集，在氮气氛围存储。

（3）偶氮二异丁腈采用甲醇重结晶。

（4）其他购买的试剂无须前处理，直接使用。

2.2 实验路线

本书设计、合成了带有苯甘氨酸衍生物的甲基丙烯酰胺类单体。然后分别采用自由基聚合、自由基共聚和可逆加成断链—链转移聚合法，制备一系列均聚物和共聚物；并利用 IR、CD、TG、GPC、^{1}H-NMR 和 ^{13}C-NMR 等一系列测试手段对目标产物的结构及性能进行表征；最后，分别制备相应的手性固定相和阴离子识别液体，评估聚合物的手性拆分能力和阴离子识别能力。

2.3 单体的合成

2.3.1 *N*-(*R*)-苯甘氨酸叔丁酯甲基丙烯酰胺的合成

（1）在三口烧瓶中分别加入乙酸叔丁酯（350 mL）、高氯酸（4.3 mL，

48 mmol）和 R-苯甘氨酸（7.4 g，49 mmol），室温反应 12 h 后，用 HCl 酸化并萃取，加 NaHCO₃ 至中性，用乙醚萃取，无水硫酸钠干燥，旋蒸，得出产品。使用柱色谱提纯，洗脱剂为乙酸乙酯/石油醚（9/1，体积比），固定相为 300 目的硅胶。产品 R-苯甘氨酸叔丁酯为白色固体，产率 70%。

（2）首先把 R-苯甘氨酸叔丁酯（6.0 g，29 mmol）溶于二氯甲烷（60 mL），在冰浴条件，逐滴加入三乙胺（8.5 mL，60.9 mmol）和甲基丙烯酰氯（2.9 mL，30 mmol）。室温反应 12 h 后，分别用 1 mol/L 的 HCl 和 H₂O 洗涤有机相，无水硫酸钠干燥，旋蒸，得初产品。使用重结晶的方法提纯，溶剂为正己烷。产品为白色晶体 5.5 g，产率 69%，熔点为 123~125 ℃，$[\alpha]_{365}^{25} = -462°$（$c = 1$ mg/mL，THF）。

2.3.2　N-(R)-{[N-(S)-1-苯乙酰胺]-苯基} 甲基丙烯酰胺的合成

（1）在三口烧瓶中加入 D-苯甘氨酸（10 g）和 NaOH（1.1 g），接着加入蒸馏水（200 mL）使苯甘氨酸完全溶解。在冰浴条件下，慢速滴加甲基丙烯酰氯（6.9 g）。常温反应 15 h，用 1.0 mol/L 的 HCl 溶液酸化，抽滤得到初产物，重结晶法（溶剂为甲苯）得到中间产物 N-(R)-(1-羧基-1-苯基)-甲基丙烯酰胺，产率为 89%。

（2）在 1000 mL 三口烧瓶中加入 N-(R)-(1-羧基-1-苯基)-甲基丙烯酰胺（8 g），加入二氯甲烷 500 mL 使其溶解，在冰浴的条件下依次向反应瓶中加入苯乙胺（12.5 mL）、1-乙基-（3-二甲基氨基丙基）碳二亚胺盐酸盐（10 g）、1-羟基苯并三唑（8 g），并搅拌 4 h。在常温反应 20 h 后，将反应产物转移到 1000 mL 圆底烧瓶中。利用旋转蒸发仪将溶剂旋干，在 60 ℃ 的水浴中用大量的乙酸乙酯使其溶解，将溶解的产物依次用饱和的 NaHCO₃、H₂O 和饱和的 NaCl 进行洗涤，用无水 MgSO₄ 干燥，过滤，旋干，放入真空干燥箱中干燥（60 ℃）。最后，得到（*RS*-PEBM）的初产物。使用柱色谱提纯，洗脱剂为氯仿/丙酮（20/1，体积比），固定相为 300 目的硅胶。*RS*-PEBM 为白色固体，产率 78%，熔点为 118~121 ℃，$[\alpha]_{365}^{25}=-165°$（$c=1$ mg/mL，THF）。

其他 3 种单体 *RR*-PEBM、*R*-PMBM 和 *SS*-PEBM 的合成方法类似，不再赘述。

2.4　链转移剂枯基二硫代酯（CDB）的合成

在三口烧瓶中加入硫（3.2 g）和甲醇钠（5.4 g），接着加入甲醇（100 mL）使其完全溶解。在冰浴条件，慢速滴加苄基氯（6.3 g），80 ℃ 反应 5 h。反应物用乙醚分三次洗涤，接着用 HCl 酸化。旋蒸得到初产物二硫代苯甲酸，用四氯化碳使其溶解，接着加入 α-甲基苯乙烯（7.8 mL）和对甲苯磺酸（95 mg），在 70 ℃ 反应 10 h，旋蒸得到初产物。使用柱色谱提纯，洗脱剂为正己烷，固定相为 300 目的硅胶。产物枯基二硫代酯为深紫色油状液体，产率 60%。

2.5　交联单体结构式

材料合成过程中所用到的交联单体如图 2.1 所示，其中 M1（苯）、M2（三苯基苯）、M3（芘）为非手性的共交联单体，CM1（苯丙氨酸，Phe）、CM2（色氨酸，Trp）、CM3（苯甘氨酸，Phg）、CM4（酪氨酸 Tyr）、CM5（苯丙氨醇）为手性添加剂，如果不做特殊标识，默认 CM 系列单体均为 L-型单体，所合成材料也均为 L-型。

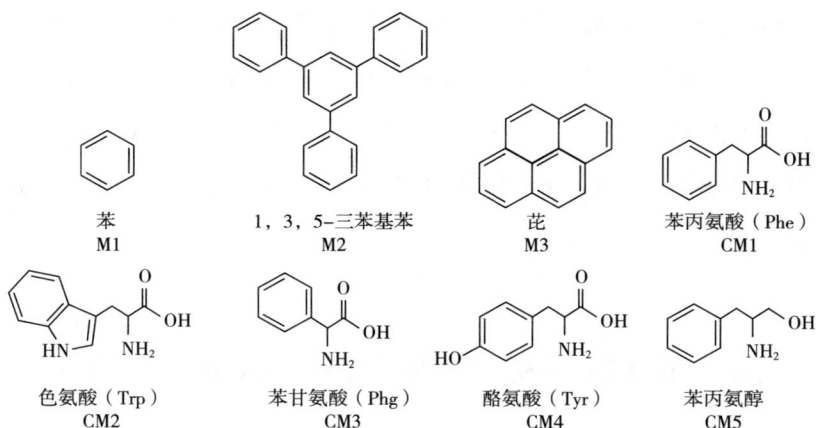

图 2.1 超交联手性多孔材料的手性添加剂及共交联单体结构式

2.6 三苯基苯的合成

通过查阅文献，选择由苯乙酮和对甲基苯磺酸—水合物（1∶1，摩尔比）来合成三苯基苯。

2.7 超交联手性多孔材料的合成

本实验利用 Friedel—Crafts 烷基化反应，通过外交联剂编织刚性的芳香族单体法合成一系列超交联多孔手性材料，其中，不同比例苯丙氨酸与苯合成的系列材料对色氨酸对映体有明显的特异性识别作用，反应示意图如图 2.2 所示。

实验中所有材料的合成均按照以下步骤进行：

（1）合成。在室温下，将呈一定比例的手性添加剂单体（CM1/CM2/

CM3/CM4/CM5)、非手性共交联物单体（M1/M2/M3）以及交联剂 FDA 加入一定量的 DCE 中，搅拌并加热到 45 ℃后，将一定比例的无水的 FeCl₃ 加入混合物中，使反应温度在 45 ℃下保持 5 h，然后升温到 80 ℃，保持在此温度下反应 19 h，完成最终的聚合反应，得到超交联多孔聚合物的粗产物。

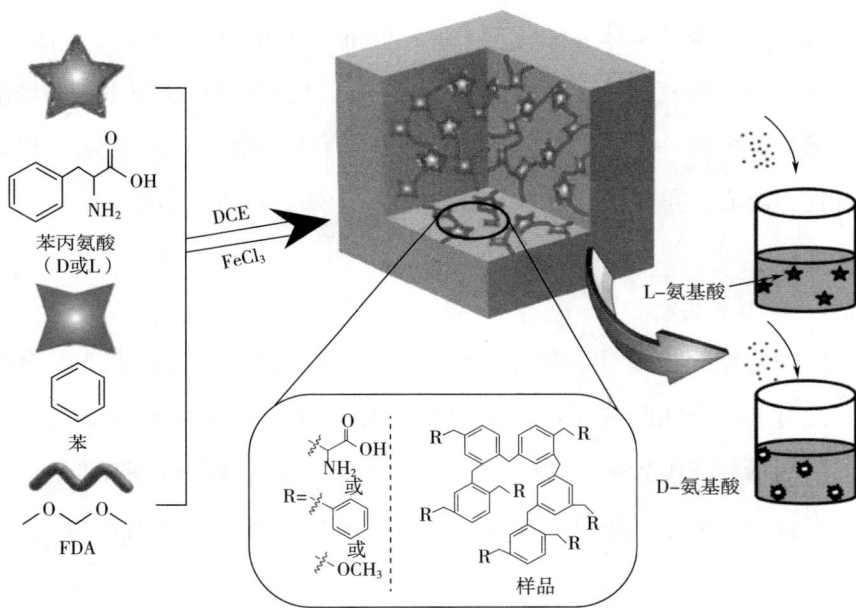

图 2.2　苯丙氨酸与苯交联反应示意图

（2）提纯。得到的固体粗产物用甲醇洗涤除去剩余的催化剂和未消耗的单体，直到滤液几乎无色；然后把样品放在甲醇中索氏提取进一步纯化，直到样品浸泡过的甲醇溶液为无色，这个过程大约需要 24 h；最后将纯品在 60 ℃的真空烤箱中干燥 24 h，得到了高收率的最终产品，并将其储存在真空干燥器中备用。

除此之外，为了和 L-型的材料 HCP-CM1M1-4 形成对比，把加入的手性识别单元 L-苯丙氨酸（CM1）更换为 D-苯丙氨酸，重复相同的合成步骤就可以得到新的样品 HCP-CM1M1-4（D）。

2.8 聚合反应

2.8.1 自由基聚合

按一定比例把单体、催化剂 Lewis 酸和引发剂 AIBN 溶于聚合溶剂，通过 3 次冷冻脱气循环。聚合温度为 60 ℃，反应时间为 24 h。用易溶溶剂稀释，配置一定比例的隔离溶剂，将稀释溶液滴入隔离试剂中得到聚合物，离心，重复隔离 3 次，60 ℃真空干燥，得到聚合物。

2.8.2 自由基共聚

按一定比例把单体、甲基丙烯酸甲酯和引发剂 AIBN 溶于聚合溶剂，通过 3 次冷冻脱气循环。聚合温度为 60 ℃，反应时间为 24 h。用易溶溶剂稀释，配置一定比例的隔离溶剂，将稀释溶液滴入隔离试剂中得到聚合物，离心，重复隔离 3 次，60 ℃真空干燥，得到聚合物。

2.8.3 可逆加成断裂—链转移聚合

按一定比例把单体、引发剂 AIBN 和链转移剂 CDB 溶于聚合溶剂，通过 3 次冷冻脱气循环。聚合温度为 70 ℃，反应时间为 48 h。用易溶溶剂稀释，配置一定比例的隔离溶剂，将稀释溶液滴入隔离试剂中得到聚合物，离心，重复隔离 3 次，60 ℃真空干燥，得到聚合物。

2.9 阴离子溶液的配置

首先把被测阴离子的四丁基铵盐溶于二甲基亚砜，溶液的浓度为

0.1 mol/L，然后用溶剂分别稀释成测试紫外和荧光所需要的浓度，聚合物溶于 DMSO 配置成浓度为 $1.5×10^{-4}$ mol/L 的溶液。首先利用紫外—可见光谱和荧光光谱测试聚合物的相关光谱，然后采用滴定的方法加入不同阴离子的四丁基铵盐来测试聚合物对阴离子的识别能力。

2.10　涂敷型手性固定相的制备

此法即在氨丙基硅胶表面涂敷一层聚合物，与键合型固定相相比，其优点是聚合物固定在硅胶表面的量较多，这极大地提高了手性柱的理论塔板数，从而更加有利于手性对映体的拆分，但其缺点是只能够用极性弱的溶剂。具体的制备过程如下：

首先称取要涂敷的聚合物 0.2 g 溶于 3 mL 的 THF 溶剂中，再称取 0.8 g 氨丙基硅胶放入茄形瓶中。分多次逐滴把聚合物溶液滴入氨丙基硅胶中，充分振荡使其混合均匀，旋蒸除去溶剂，重复以上操作使聚合物均匀地涂敷在氨丙基硅胶的表面。

配置正己烷：异丙醇（9∶1，体积比）的混合溶液，利用装柱机，采用匀浆法把涂有聚合物的氨丙基硅胶装入色谱柱中。

2.11　表征与分析方法

本书采用多种设备对产物的结构、组成及性能等进行表征与测试，主要列举如下。

（1）核磁共振波谱仪（NMR）。核磁共振波谱仪为布鲁克 500 MHz，按照不同比例准确称量单体及聚合物，同时加入核磁管中，选择合适的氘代试剂使其完全溶解后测定。其中部分聚合物的核磁条件为80 ℃。

（2）红外光谱分析仪（FT-IR）。采用美国 PE 公司的 Spectrum 100 进行红外测试，本书的谱图分别采用溴化钾压片法和液体 ATR 全发射进行测试。

（3）旋光光谱（OR）。采用美国 PE 公司的 PL 341 进行旋光测试，样品的浓度都为 1 mg/mL。

（4）圆二色光谱（CD）。采用日本 JASCO 公司的 J-815 进行圆二色光谱的测试，使用的样品池的路径为 0.1 mm。

（5）凝胶渗透色谱仪（GPC）。采用美国 Waters 公司的 GPC 进行聚合物分子量的测试，使用不同分子量的聚苯烯建立标准曲线，样品的浓度为 3 mg/mL。

（6）热分析的测试。在氮气氛围下，采用美国 TA 公司的 Q50 和 Q100 进行单体和聚合物的热重分析和玻璃化转变温度的测定。

（7）扫描电子显微镜（SEM）。扫描电子显微镜能用于观察样品的形貌和表面形态。

（8）X 射线光电子能谱分析（XPS）。X 射线光电子能谱能对除 H 和 He 之外的大部分元素进行分析，除此之外还可以测试化学位移，进行定量分析，元素定性的标识性强，是一种高灵敏超微量表面分析技术。

（9）孔隙及表面积分析。不同手性添加剂以及不同非手性共交联物合成的系列材料是纳米材料，其比表面积和孔径分布可以用氮气吸附脱附法来测定。

（10）紫外分光光度计（UV-vis）。紫外分光光度计可以依据被测样品的吸收光谱来推测其成分、结构以及物质间相互作用等信息。分子或原子在吸收某一特定波长紫外光后可以发生分子振动能级跃迁和电子能级跃迁从而产生特征吸收光谱,根据这些特征吸收光谱的吸光度特别是最大吸光度的数值大小来推测物质含量。

2.12 HPLC 手性拆分能力测试及分离因子的计算

2.12.1 HPLC 测试条件

本实验使用 JASCO 的高效液相色谱(PU-2089,CO-2060,AS-2055,UV-2075,CD-2095)来考察手性固定相的手性拆分能力。测试的条件包括:流动相流速为 0.1 mL/min,分别用苯和 1,3,5-三叔丁基苯来测定手性色谱柱的理论塔板数和无保留时间(死时间 t_0)。用于本书的手性对映体总共有 8 种,如图 2.3 所示。

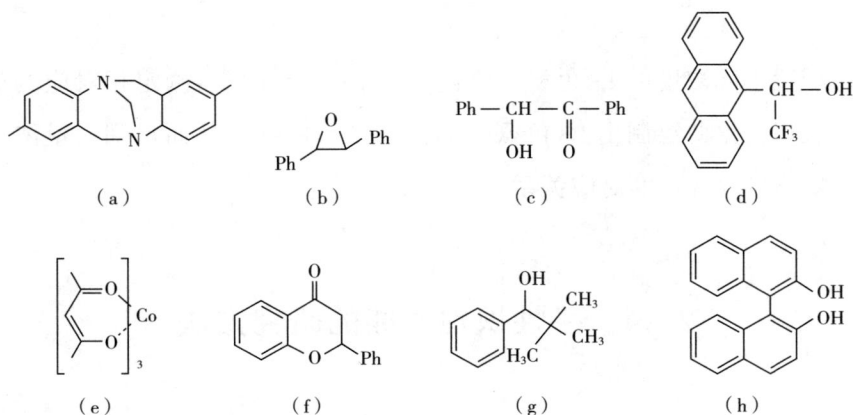

图 2.3 对映体的化学结构

2.12.2 分离因子的计算

根据以下公式分别计算手性色谱柱的容量因子(k')、分离因子

（α）和分离度（R_S）。

$$k' = \frac{t_R - t_0}{t_0} \qquad (2-1)$$

$$\alpha = \frac{t_{R2} - t_0}{t_{R1} - t_0} \qquad (2-2)$$

$$R_S = 1/4\left[(\alpha - 1)/\alpha\right]\left[k'2(1 + k'2)\right]\sqrt{N} \qquad (2-3)$$

式中：t_0——手性色谱柱的无保留时间；

t_{R1}、t_{R2}——分别表示被拆开单一对映体的流出时间；

N——色谱柱的柱效。

由文献可知，$R_S = 1.0$ 时，两峰仅有 2% 的重叠；$R_S = 1.5$ 时，两峰可以达到完全的基线分离；$R_S < 0.8$ 时，两峰不能达到完全的分离。

2.13 标准曲线的测定

配置不同浓度的 L-色氨酸水溶液，利用紫外仪器测定相对应的最大吸收峰，据此绘制出 L-色氨酸的标准工作曲线，从而得到质量浓度 C 与紫外强度 Abs 的对应关系。

2.14 手性识别性能的研究方法

2.14.1 选择性吸附实验

在选择吸附条件的实验中，分别考察了在不同温度、不同吸附剂用量、不同初始被吸附物浓度、不同吸附接触时间以及不同吸附溶剂 pH 等条件下吸附过程中超交联手性多孔材料对手性氨基酸吸附性能的影响。可以用圆二色光谱测定吸附前后溶液 CD 值代入式（2-4）或用紫外测定氨基酸溶液的浓度后代入式（2-5）计算出不同吸附条件下超交联手性多孔材料的吸附量。

$$Q = \frac{\theta_{max} - \theta}{\theta_{max}} \times C_0 \times V \times \frac{100}{M} \qquad (2-4)$$

$$Q = \frac{(C_0 - C_{eq})V}{M} \qquad (2-5)$$

式中：Q——吸附材料的吸附量，mg/g；

$\quad\quad\theta$——残余溶液 CD 信号值，mdeg；

$\quad\theta_{max}$——纯溶液 CD 信号值，mdeg；

$\quad\quad C_0$——溶液的初始浓度，mg/mL；

$\quad\quad C_{eq}$——溶液的平衡浓度，mg/mL；

$\quad\quad V$——溶液的体积，mL；

$\quad\quad M$——吸附材料的质量，g。

为了探索不同手性添加剂与不同非手性共交联物合成的系列材料的吸附以及手性识别性能，4 种芳香族氨基酸对映体，即 D/L-苯丙氨酸、D/L-苯甘氨酸、D/L-色氨酸和 D/L-谷氨酸被选择作为被吸附物用来测试样品的不同对映体吸附容量。手性吸附实验是将适量的吸附剂（2 mg 吸附剂/0.1 mg 被吸附物）放入被吸附物水溶液中搅拌24 h，最后，通过离心分离吸附剂和被吸附物溶液。为避免吸附热的干扰，吸附温度应保持一致，本实验通过水浴加热保持吸附温度在 30 ℃ 左右。为减少操作误差引起的不确定度，每个吸附实验应重复测量 3 次以上。通过使用 CD 或者紫外光谱测量吸附前后溶液 CD 信号或者紫外吸光度的变化来量化材料选择性吸附的 D/L-芳香族氨基酸对映体。

2.14.2 重结晶实验

通过之前的吸附实验，我们已经能够对所制备的多孔材料的手性识别能力进行一定程度上的表征。但是仅仅依靠单一的 CD 测试吸附的实验方式来表征材料的手性识别能力显然是不够全面的。因此，本文还选择了另外一个相对简单的方法——重结晶法来进一步表征材料的手性识别能力。具体实施步骤如下：

（1）溶液配置。

在重结晶实验中，为了得到较好的实验结果，应选择在去离子水中溶解度相对较大的氨基酸，本实验采用了丙氨酸、谷氨酸以及苏氨酸来进行本次实验。通过查阅相关资料，丙氨酸、谷氨酸以及苏氨酸在25 ℃下的水中的溶解度分别为166.5 g/L、8.5 g/L以及205 g/L。然后为了对照实验，本实验所选用的去离子水溶剂的体积统一确定为3 mL，然后以25 ℃下3种氨基酸各自的溶解度为准，加入等量的丙氨酸、谷氨酸以及苏氨酸的D型和L型异构体，将其加热至60 ℃，在此过程中可以不断加入等量的D型和L型异构体，直至刚好饱和，据此可以得出60 ℃下3种氨基酸的实际溶解度。经过实验，在3 mL的去离子水中加入D-丙氨酸与L-丙氨酸各340 mg、D-谷氨酸与L-谷氨酸各56 mg以及D-苏氨酸与L-苏氨酸各400 mg时，溶液达到饱和，后续相关实验均以此为标准。

（2）重结晶实验。

按照以上步骤得到的3种氨基酸的溶解度，每种氨基酸各配置3份外消旋体饱和溶液，分别加入10 mg D-型材料、10 mg L-型材料以及不加入任何添加剂作为3组对比项。

磁力搅拌10~20 min后取出溶液中的转子，将溶液留在水浴锅中，使其与热水一同缓慢冷却至室温。将反应后所得的溶液静置72 h左右，直到溶液中析出晶体。此时，我们将所得溶液中的液体吸出并过滤，收集所制得晶体以及滤液。在对该实验结果的分析上，一方面，本实验可以研究重结晶析出晶体的形貌特征来补充说明加入材料的手性拆分能力，另一方面，也能通过圆二色谱仪研究所得滤液的手性来确定材料的手性识别能力，从而全面评估所制得的多孔材料的手性性能。

2.15　解吸实验

在实验中，考察了不同解吸溶剂对脱附性能的影响，分别研究在水/乙醇（4/1）和水/乙酸（9/1）溶剂中超交联手性多孔材料 HCP-CM1M1-4 的脱附性能，详细步骤介绍如下：取两份质量为 0.1 g 的吸附 L-色氨酸后的干燥吸附剂，放置在分别装有 50 mL 水/乙醇（4/1，体积比）和水/乙酸（9/1，体积比）混合溶剂的烧杯中，搅拌 72 h 条件下完成解吸步骤，然后，用乙醇将超交联手性多孔材料 HCP-CM1M1-4 洗涤至中性，随后真空干燥箱中干燥。得到的脱附溶液分别用圆二色光谱以及紫外光谱测试。

第3章 手性侧链结构对光学活性
聚合物构象的影响

3.1 引言

目前，光学活性聚合物已逐渐发展成为人类不可或缺的高分子材料，单从其结构来看，聚合物在主链或侧链含有手性单元，或聚合物主链能形成相对稳定的单手螺旋构象，促使聚合物具有构型或构象的不对称性，正是这种不对称性给予其一般聚合物所不具有的性质，如不对称催化、手性拆分、分子和离子识别等。自然界中就存在大量的此类聚合物，如支撑生命体的蛋白质、核酸、多糖等都是手性高分子，它们在生命体中起着不可替代的作用。

另外，通过氨基酸形成的分子内和分子间氢键，蛋白质和多肽可以形成高立构规整的二级结构。基于这个原理，目前已有大量的文献报道：手性氨基酸的氢键作用能使聚合物形成一定的二级结构。Endo 和 Masuda 等课题组在这方面做了大量的研究，他们合成了大量含有氨基酸衍生物为侧链的聚合物，并表明侧链之间的氢键在稳定聚合物的螺旋构象上起了决定性的作用。另外，国内宛新华教授的研究也说明侧链的氨基酸之间的氢键和侧链大体积基团的位阻共同作用支撑着聚合物的螺旋构象。所以，探讨氨基酸氢键如何诱导聚合物形成螺旋构象显得非常重要。

本章主要合成了三种含有苯甘氨酸衍生物为侧基的光学活性甲基丙烯酰胺类聚合物（RR-PEBM、RS-PEBM、R-PMBM），并考察了不同聚合溶剂对三种聚合物光学活性的影响。研究表明远离主链的手性碳原子决定着聚合物之间氢键的形成方式，同时也间接地影响了聚合物的立体构象。

3.2　单体 PEBM 和 PMBM 的合成及表征

3.2.1　单体 PEBM 和 PMBM 的合成

单体的合成路线如图 3.1 所示。单体制备过程分为两步进行，第一步为中间产物含有苯甘氨酸的甲基丙烯酰胺的合成，在碱性条件下，含有手性中心的苯甘氨酸和甲基丙烯酰氯在冰浴的条件下生成单体的中间产物。这一步是比较成熟的反应，所以合成产物较容易，通过重结晶的方法，得到白色的晶体。第二步为单体的合成，此反应是以 1-乙基-（3-二甲基氨基丙基）碳二亚胺（EDCl）和 1-羟基苯并-三氮唑（HOBt）为羧酸的活化剂，使羧酸能够较容易与胺类物质生成酰胺，初产物经过柱色谱纯化，得到白色的絮状粉末，产率达到 50%~65%。

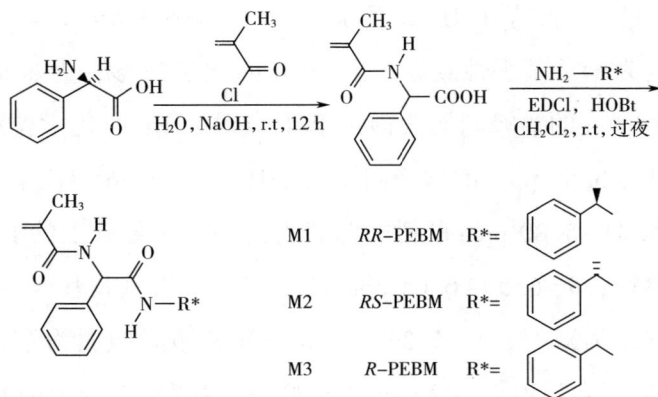

图 3.1　单体的合成

3 种单体的有关数据总结在表 3.1 中。

表 3.1 单体的数据结果

产物	产率（%）	E.A（%）实验值（计算值）	$[\alpha]_{365}^{25}$（°）[a]
M1	65	C, 74.48（74.53），H, 7.08（6.83），N, 8.55（8.70）	−163
M2	58	C, 74.49（74.53），H, 7.03（6.83），N, 8.60（8.70）	−404
M3	50	C, 73.99（74.03）H, 6.69（6.49），N, 8.99（9.09）	−290

[a] 以 THF 为溶剂配置浓度为 1 mg/mL 的聚合物溶液，该溶液置于长度为 1 dm 的样品池中测得该样品的比旋光度 $[\alpha]_{365}^{25}$。

3.2.2 单体 PEBM 和 PMBM 的结构表征

3.2.2.1 单体的 ^{1}H NMR 谱图表征

因单体 M1 和 M2 的官能团相同，因此，我们只测试了 M1 和 M3 的 NMR 谱图。两种单体的 ^{1}H NMR 谱图及各峰的归属如图 3.2 所示。由图 3.2 可见单体 M1 的 ^{1}H NMR 谱图中存在 11 种 ^{1}H 的共振峰，由高场到低场，其化学位移归属如下：$\delta = 1.35 \sim 1.38$ ppm 的谱峰归属为苯乙基上的甲基的 Hb 的化学位移，为双峰；$\delta = 1.90 \sim 2.00$ ppm 的谱峰归属为丙烯基双键上次甲基上 Ha 的化学位移，为单峰；$\delta = 5.04 \sim 5.11$ ppm 的谱峰归属为苯乙基手性碳原子上的 Hf 的化学位移，为多重峰；$\delta = 5.34 \sim 5.36$ ppm 的谱峰归属为丙烯基 1 号碳上 Hc 的化学位移，为单峰；$\delta = 5.45 \sim 5.51$ ppm 的谱峰归属为手性碳上的 He 的化学位移，为单峰；$\delta = 5.74 \sim 5.80$ ppm 的谱峰归属为丙烯基 1 号碳上的 Hd 的化学位移，为单峰；$\delta = 6.00 \sim 6.05$ ppm 的谱峰归属为酰胺基 N 基上的 Hh 的化学位移，为双峰；$\delta = 7.26 \sim 7.28$ ppm 的谱峰归属为溶剂氘代氯仿的信号峰；$\delta = 7.30 \sim 7.42$ ppm 的谱峰归属为两个 N 基上的 Hg 和苯环上五个氢原子的化学位移。图 3.2 中单体 M3 主要官能团吸收峰与 M1 基本一致，只是苯乙基上的甲基的峰消失，亚甲基的峰出现在 4.4 ppm，为双峰。

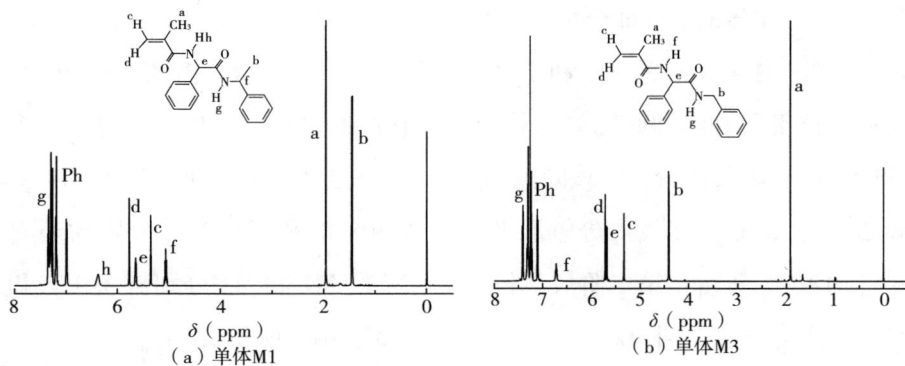

图 3.2　单体 M1 和 M3 的 ^{1}H NMR 谱图

3.2.2.2　单体的 IR 谱图表征

单体 M1 和 M3 的 IR 谱图如图 3.3 所示。图 3.3（a）是单体 M1 的 IR 谱图，图中各峰可归属如下：波数为 3280 cm^{-1} 的位置是—NH—的伸缩振动峰，3082 cm^{-1} 和 933 cm^{-1} 的位置是 C═C 的特征峰，波数为 3025 cm^{-1}、1611 cm^{-1}、1497 cm^{-1} 和 699 cm^{-1} 是苯环的特征吸收峰，波数为 2926 cm^{-1}、2884 cm^{-1} 和 1450 cm^{-1} 的是—CH$_3$ 的特征吸收峰，波数为 1650 cm^{-1} 和 1516 cm^{-1} 的是 C═O 羰基伸缩振动的特征吸收峰，波数为 1454 cm^{-1} 的是 C—N 的伸缩振动的特征吸收峰。图 3.3（b）单体 M3 的 IR 谱图，其谱图与 M1 相似，就不再描述。

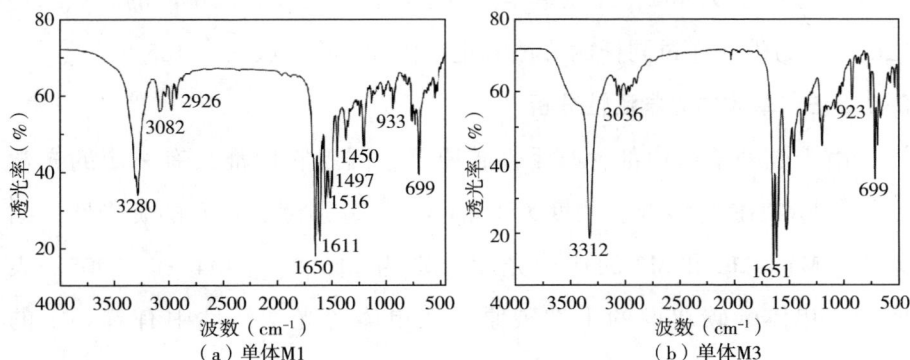

图 3.3　单体 M1 和 M3 的红外谱图

3.2.2.3 单体的热性能分析

单体 M1 和 M3 的 TG 和 DTG 曲线如图 3.4 所示。由图 3.4 可知，两种单体都是在约 200 ℃ 处开始分解，它们的热分解过程可以包括两个阶段：第一阶段比较长，该阶段 M1 和 M3 的温度范围分别为 200～319 ℃ 和 200～328 ℃，其最快分解温度分别为 308 ℃ 和 310 ℃，分别约还有 7% 和 18% 的残留；第二阶段比较短，该阶段 M1 和 M3 分别从 319 ℃ 和 328 ℃ 开始分解，到 800 ℃ 时，它们的残留约在 1% 和 1.5%。

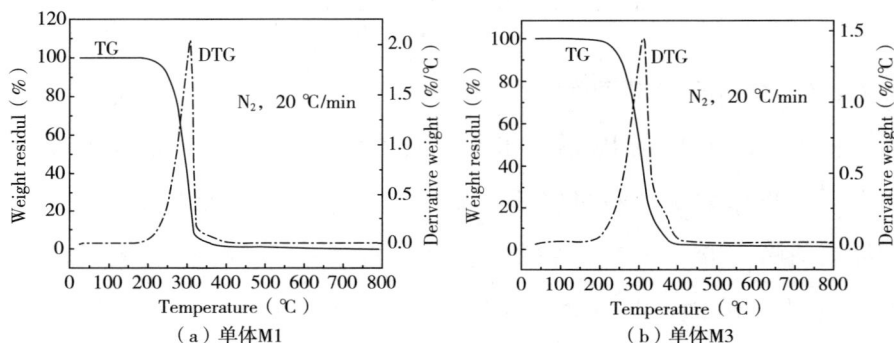

图 3.4 M1 和 M3 的 TG 和 DTG 曲线图

3.2.2.4 单体的 DSC 曲线

单体 M1 的 DSC 曲线如图 3.5 所示。由图可知，单体在 115～125 ℃ 温度区间内有吸热峰，即该单体的熔融过程，因此，该单体的熔点约为 120 ℃。另外，通过同样的方法测定单体 M3 的熔点约为 105 ℃。

3.2.2.5 单体的光学活性分析

由于 3 种单体中都含有手性碳原子，因此它们都具有一定的光学活性。以 THF 为溶剂，浓度为 1 mg/mL，分别测试它们的旋光性。结果为：M1、M2 和 M3 的比旋光度分别为 −165°、−404° 和 −290°。表明远离单体碳碳双键的手性碳原子在单体的光学活性中有着一定的影响。

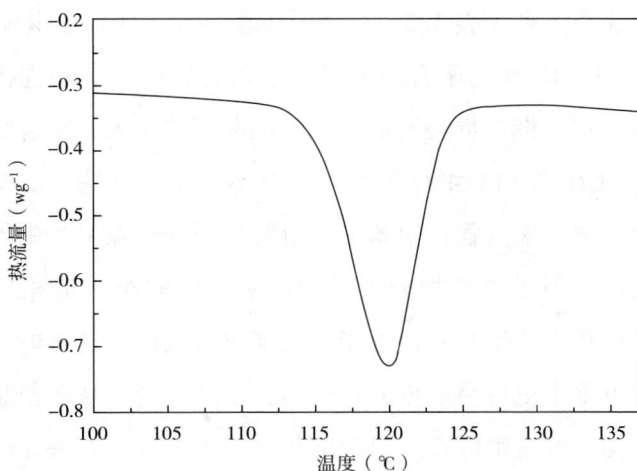

图 3.5　M1 的 DSC 曲线（N_2 氛围，升温速率 10 ℃/min）

3.3　单体 PEBM 和 PMBM 的自由基聚合

3.3.1　聚合反应的特征

在无水无氧条件下，以 AIBN 为引发剂对 3 种单体在不同聚合条件进行自由基聚合，聚合物的合成路线如图 3.6 所示。在 60 ℃聚合 24 h 后，产物经 THF 溶解、CH_3OH/H_2O 沉淀，反复沉淀 3 次，60 ℃真空干燥后得到一系列具有不同性质的聚合物。

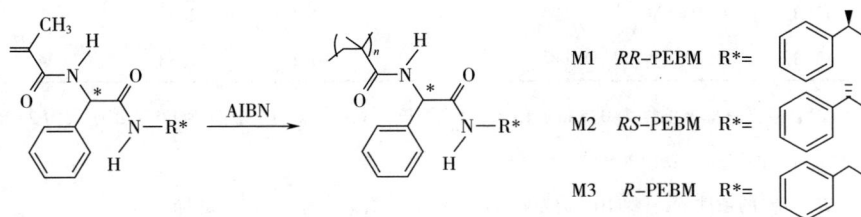

图 3.6　聚合物的合成路线

聚合反应结果列于表 3.2。聚合反应在 THF 和 CHCl₃ 中属于均相反应，甲苯和 CH₃OH 作为聚合溶剂时，则随着聚合反应的进行溶液由均相转变为非均相，聚合物随着反应时间逐渐沉淀出来。聚合物能够溶于 THF、DMF、CHCl₃ 和 DMSO 等溶剂，但不溶于正己烷、乙醚、甲苯和甲醇等溶剂。由于聚合物在甲苯中不溶解，因此，在甲苯中得到的聚合物的产率较低，但是聚合物分子量和比旋光度的绝对值相应较大。相反，在甲醇中获得的聚合物比旋光度的绝对值偏低，这可能是因为此类型的单体在甲苯中更容易形成分子内和分子间氢键，从而控制聚合物主链的空间结构，但是甲醇作为聚合溶剂时，单体间的氢键在聚合过程中能被甲醇分子取代，从而不利于聚合物结构的控制。

表 3.2　单体 M1、M2 和 M3 在不同溶剂中的自由基聚合[a]

样品编号	单体	溶剂	产率[b]（%）	$M_n{}^c$（×10⁴）	$M_w/M_n{}^c$	$[\alpha]_{365}^{25}$（°）[d]
P−M1−1	*RR*−PEBM	MeOH	81	0.9	2.16	+101
P−M1−2	*RR*−PEBM	CHCl₃	88	1.5	1.94	+165
P−M1−3	*RR*−PEBM	THF	97	1.3	2.77	+157
P−M1−4	*RR*−PEBM	甲苯	72	2.3	2.03	+192
P−M2−5	*RS*−PEBM	MeOH	86	0.5	2.16	−171
P−M2−6	*RS*−PEBM	CHCl₃	93	0.7	1.9	−180
P−M2−7	*RS*−PEBM	THF	91	1.6	2.57	−183
P−M2−8	*RS*−PEBM	甲苯	81	1.5	2.41	−187
P−M3−9	*R*−PMBM	MeOH	92	0.8	1.89	−38
P−M3−10	*R*−PMBM	CHCl₃	88	1.8	1.94	−41
P−M3−11	*R*−PMBM	THF	91	1.5	2.37	−42
P−M3−12	*R*−PMBM	甲苯	89	1.6	1.83	−44

[a] 聚合条件：单体浓度为 0.5 mol/L；引发剂浓度为 0.02 mol/L；温度为 60 ℃；时间为 24 h。

[b] 不溶于乙醚和水混合溶剂的聚合物。

[c] 在 35 ℃ 的条件下，以 THF 为洗脱剂利用聚苯乙烯标准样测得 GPC 的标准曲线。

[d] 以 THF 为溶剂配置浓度为 1 mg/mL 的聚合物溶液，该溶液置于长度为 1 dm 的样品池中测得该样品的比旋光度 $[\alpha]_{365}^{25}$。

3.3.2　聚合物的 IR 表征

聚合物 P-M1-4 与它相对应单体 M1 的红外光谱如图 3.7 所示。对比单体和聚合物的红外光谱可以发现，单体在 3082 cm^{-1} 和 933 cm^{-1} 处的特征吸收峰归属于—C≡C—，在聚合以后，聚合物在该几处的特征吸收峰明显消失。可以判断出，聚合反应是通过碳碳双键加成的方式进行，且反应非常完全。

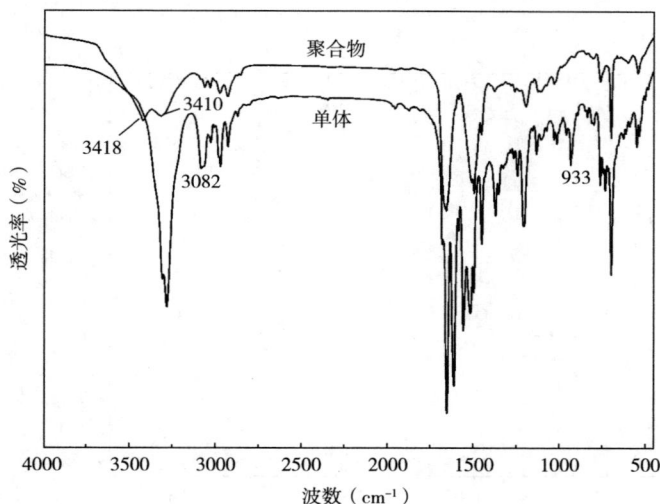

图 3.7　单体 M1 和聚合物 P-M1-4 的 IR 谱图

3.3.3　聚合物的光学活性表征

通过旋光仪和圆二色光谱仪对聚合物的光学活性进行表征。从表 3.2 可知，单体 M2 和 M3 的聚合物的比旋光度值都分别大于它们的单体（ $[\alpha]_{365}^{25}=-404°$ 和 $-290°$ ），且最大值分别为 $-171°$ 和 $-38°$ 。需要强调的是，单体 M1 的比旋光度为负值（ $[\alpha]_{365}^{25}=-163°$ ），而聚合物的比旋光度为正值（从 $+101°$ 到 $192°$ ）。聚合物与单体相反的旋光方向说明：

在聚合物的形成过程中聚合物的主链形成了一定的二级结构，实测的聚合物的比旋光度是聚合物主链的二级构象和侧链手性单元的比旋光度之和。另外，聚合溶剂的极性对聚合物的光学活性也有一定的影响，如图3.8所示，聚合物比旋光度的绝对值随着聚合溶剂增大的顺序为 MeOH<THF<CHCl$_3$<甲苯，但单体 M2 和 M3 的聚合物的比旋光度随溶剂变化不明显，而 M1 的聚合物的比旋光度变化与前二者显著不同，其随着溶剂的调整变化较大，其可能的原因：在不同的环境中，远离聚合物主链的手性单元对单体的空间构象和聚合物形成过程的构象调控都有一定的影响。

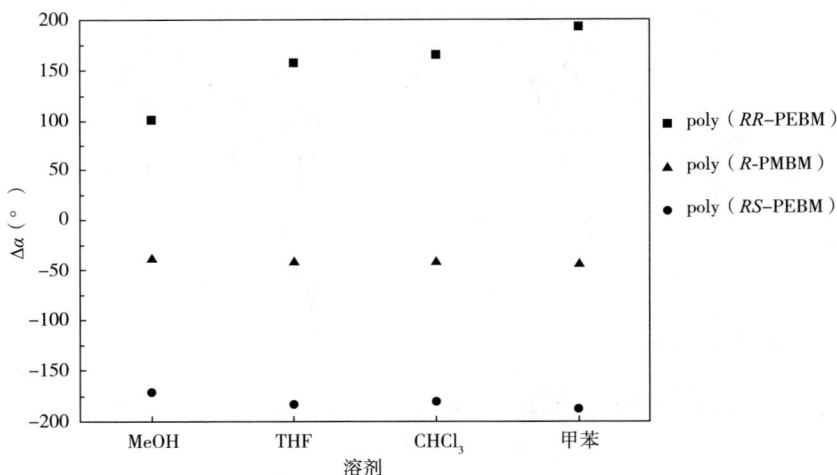

图 3.8　3 种单体在不同聚合溶剂中所得聚合物的比旋光度变化图

　　图 3.9 表示的是甲苯作为聚合溶剂时 3 种单体自由基聚合所得聚合物的 CD 和 UV 对比图。从图得知，由于聚合物内的 π−π* 跃迁，聚合物 P−M1−4、P−M2−8 和 P−M3−12 在 230 nm 处出现一个明显的 Cotton 效应。但带有手性单元的构型不同，其在 230 nm 处的信号强度稍有差别。聚合物 P−M2−8 和 P−M3−12 只在 230 nm 处出现一个负的 Cotton 效应，且两者的强度较大，但聚合物 P−M1−4 负的 Cotton 效应明显较弱，另外在 220 nm 处出现一个正的 Cotton 效应，此处的 Cotton 效应说明聚

合物主链形成了一定的二级构象。

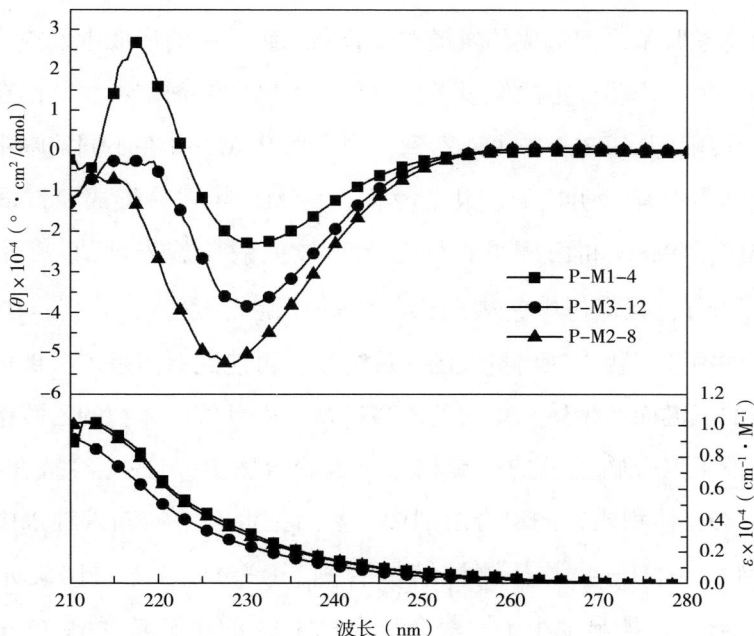

图 3.9　聚合物 P-M1-4、P-M3-12 和 P-M2-8 的 CD 和 UV-vis 谱图

由以上实验得知，M1 在聚合以后获得的聚合物主链能显示一定的二级结构，因此测试了聚合物在不同溶剂中的旋光性，来考察其形成二级结构的影响因素，表 3.3 是聚合物 P-M1-4 和 P-M2-8 在不同溶剂中的比旋光度。

表 3.3　聚合物 P-M1-4 和 P-M2-8 在不同溶剂中的比旋光度[a]

聚合物[b]	CHCl$_3$	DMF	丙酮	DMSO	CH$_3$COOH[c]
P-M1-4	184	160	156	152	200
P-M2-8	−180	−182	−175	−184	−186

[a]　在 25 ℃ 的条件下，浓度为 1 mg/mL 的样品置于长度为 1 dm 的样品池中测得该样品的比旋光度。

[b]　以甲苯为溶剂合成的聚合物。

[c]　在溶液中加入 10% 的四氢呋喃使样品全部溶解。

由以上描述可知，单体 M1 在聚合以后得到的聚合物与单体的比旋光度的方向截然相反，表明单体 M1 的聚合物形成了一定的二级结构，而聚合物酰胺基之间形成的氢键在聚合物二级结构的形成中发挥了一定的作用。为了证明以上的假设，接着使用不同的溶剂来考察氢键在聚合物中的作用。从表 3.3 中可以看到，聚合物 P-M2-8 在不同溶剂中的比旋光度基本没有太明显的变化。然而，P-M1-4 在易形成氢键的溶剂（如 DMF、DMSO 和丙酮等）中显示出较低的比旋光度值（$[\alpha]_{365}^{25} = 152° \sim 160°$），在氯仿中它表现出较大的比旋光度值（$[\alpha]_{365}^{25} = 184°$），但在乙酸中聚合物表现出更大的比旋光度，可能的原因是乙酸破坏了聚合物内的氢键而产生体积更大的乙酸铵盐，而且较大体积的乙酸铵盐更好地支撑了聚合物主链的螺旋构象。抱聚合物 P-M1-4 溶解在乙酸/THF（1/9，体积比）的混合溶剂中，然后把混合溶液滴入纯水中可得到聚合物 P-M1-4'。从测试结果看到，P-M1-4' 的比旋光度值（$[\alpha]_{365}^{25} = 58°$）明显地小于原聚合物 P-M1-4 的比旋光度值（$[\alpha]_{365}^{25} = 200°$）。这些结果表明，由于乙酸铵盐具有较大的空间体积，因此其能够继续保持聚合物主链的构象，当把乙酸铵盐移除以后，聚合物主链的二级构象不能得到保持，而且重新形成的氢键难以使聚合物的二级结构再一次形成。

另外，实验也对比了单体 M1 与聚合物 P-M1-4 和 P-M1-4' 的圆二色光谱和紫外—可见光谱图（图 3.10）。从图中得知，单体和聚合物显示了相似的紫外光谱，然而它们表现出不同的圆二色光谱图。单体仅仅在 228 nm 处显示了一个负的 Cotton 效应，但聚合物 P-M1-4 在 218 nm 和 230 nm 处分别显示了正的和负的 Cotton 效应，这说明 P-M1-4 的主链形成了螺旋结构。与 P-M1-4 相比，聚合物 P-M1-4' 在相同位置显示了同样的 Cotton 效应，但强度有明显的降低。这同样说明氢键的破坏大大降低了聚合物侧链的共轭结构，致使其主链的二级结构得不到保持。

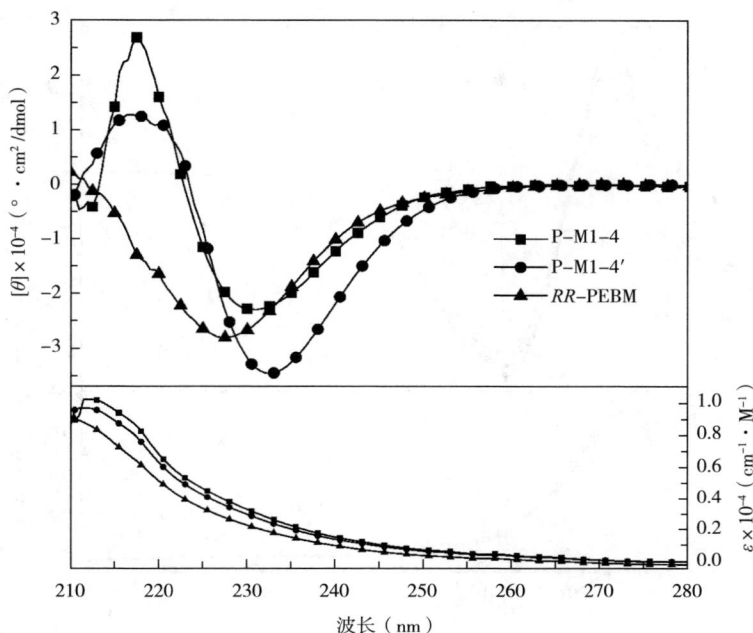

图 3.10 单体 M1、P-M1-4 和 P-M1-4' 的 CD 和 UV-vis 谱图

3.3.4 甲醇对聚合物螺旋构象的影响

由以上实验得知，氢键在聚合物的螺旋构象的形成过程中起到关键的作用。因此，通过改变外部环境来考察聚合物的螺旋结构的稳定性。图 3.11 为不同温度下聚合物 P-M1-4 的圆二色和紫外—可见光谱图。从谱图中得知，测试温度从 -10 ℃到 50 ℃，聚合物的紫外谱图基本没有明显的变化，而圆二色信号有稍微的减弱。可能的原因是降低温度使聚合物分子的活性降低，使分子运动减慢，从而稳定了聚合物主链的二级结构。反之升高温度，聚合物分子的运动加快，则会破坏聚合物结构的稳定性。为了进一步说明稳定聚合物螺旋结构的因素，我们在聚合物的 THF 溶液中加入甲醇，来测试其圆二色光谱和紫外—可见光谱。从图 3.12 得知，随着混合溶剂组分的改变，聚合物的紫外光谱同样没什么变化，但随着甲醇比例在混合溶剂中的增加，圆二色光谱中 230 nm

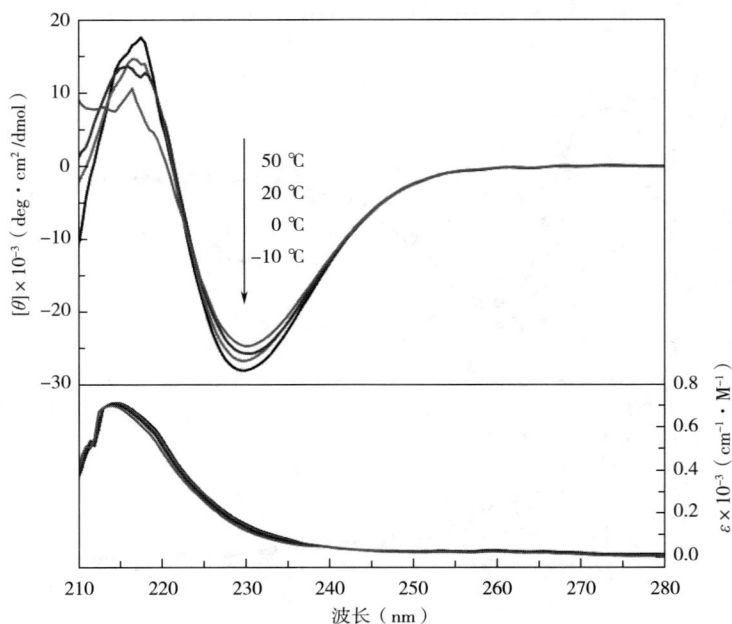

图 3.11 聚合物 P–M1-4 在不同温度的 CD 和 UV–vis 谱图

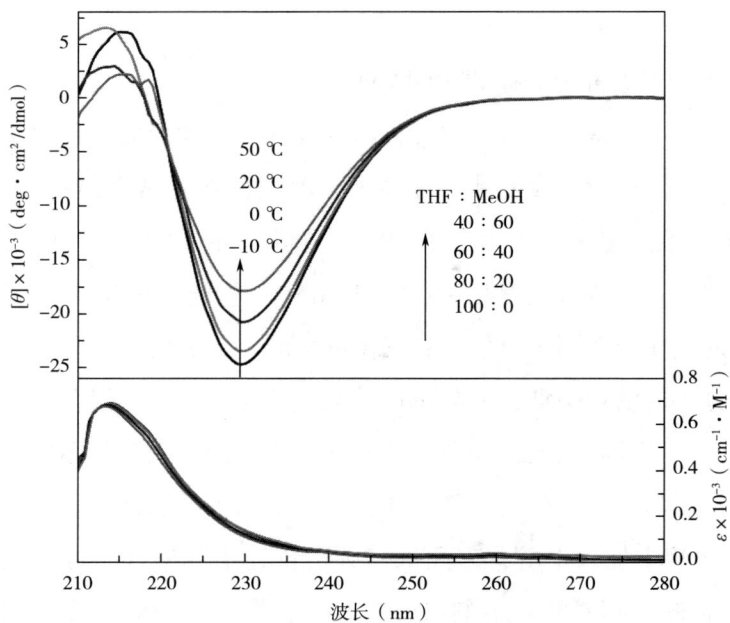

图 3.12 聚合物 P–M1-4 在测试溶剂 THF 和 MeOH 的不同比例中的 CD 和 UV–vis 谱图

处的特征峰强度有明显的减弱。这说明甲醇的加入破坏了聚合物中的分子间氢键，从而影响了聚合物的主链构象，也就导致了聚合物从有规排布到无序排列。根据以上的实验，能推测出在聚合物的螺旋构象中氢键起到了不可替代的作用。

3.4　螺旋聚合物形成机理分析

综合上述实验过程，发现一个现象：单体 M1 和 M2 的组成基本相同，只有一个远离主链的手性中心的构型不同，但聚合以后它们的聚合物的性质有较大的区别，另外是结构有较大不同的 M2 和 M3 的聚合物有相似的光学活性。这可能是单体中远离双键的手性单元在聚合过程中起了驱动聚合物构象形成的作用。以参考文献中已报道的自由基聚合不对称诱导机理，以及对聚合物的二级结构的分析为基础，初步推断手性单元在聚合过程的作用机理。因为单体 M1、M2 和 M3 都含有酰胺键，因此，在聚合前单体间较容易形成氢键，比如在甲苯和四氢呋喃中它们更容易形成分子内和分子间氢键，而甲醇作为聚合溶剂时，单体间的氢键在聚合过程中极易被甲醇分子取代（图 3.13）。

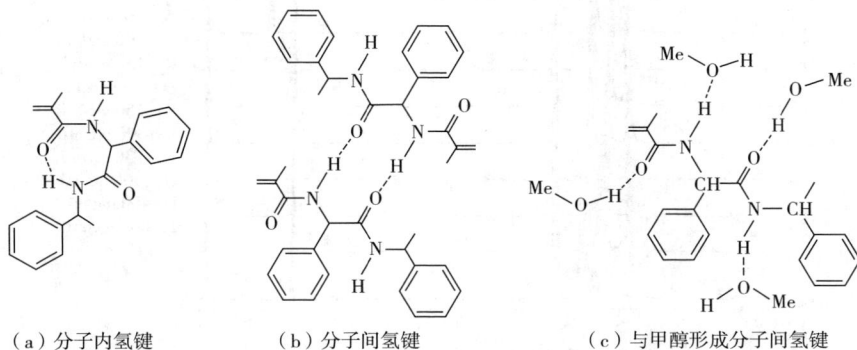

（a）分子内氢键　　　（b）分子间氢键　　　（c）与甲醇形成分子间氢键

图 3.13　单体形成分子内和分子间氢键和单体与甲醇形成分子间氢键示意图

3.4.1 ¹H NMR 对螺旋聚合物形成机理分析

由于氨基酸和生物肽都易形成氢键，为了证明不同聚合物能够形成不同构象的机理，以单体 M2 为模板分子测试了单体¹H NMR 的滴定实验（图 3.14）。由图 3.14 可以看出不同浓度的单体 M2 在氘带氯仿中显示的酰胺氢的位置有较大的不同，其位移随着单体浓度的改变而改变。当单体的浓度为 50 mg/mL 时，其中一个酰胺氢的化学位移为 6.05 ppm，当单体浓度逐渐增加时，该氢的化学位移逐渐向低场移动，当单体浓度增加到 600 mg/mL 时，其出现在 7.54 ppm。这里应注意氯仿是非质子溶剂，其不会与单体的酰胺基形成任何作用，酰胺氢化学位移向低场移动是由单体之间形成氢键引起的，原因可能是质子的去屏蔽作用直接导致了其化学位移的变化。且单体的浓度与酰胺质子的化学位移在氘带氯仿中呈线性关系（图 3.15），也就是说明氢键的数量与酰胺质子的化学位移呈线性关系。另外，也测试了单体 M2 在氘带混合溶剂氯仿和 DMSO

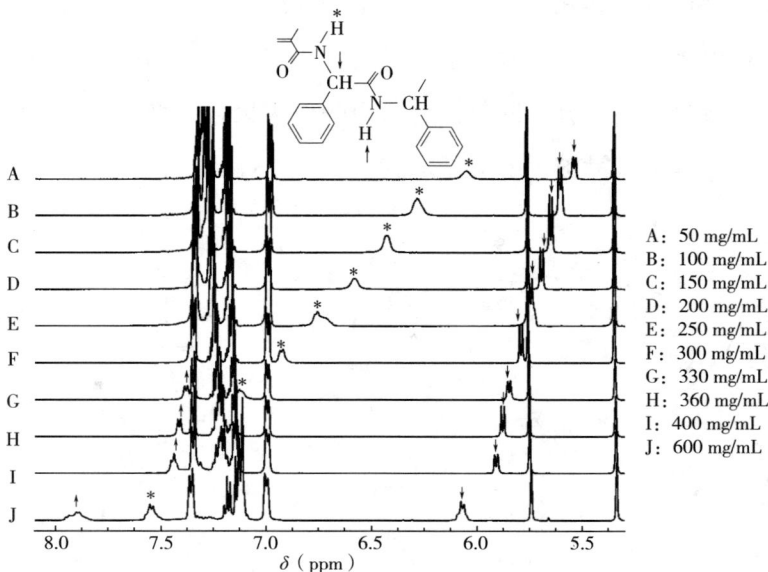

图 3.14　不同浓度的单体 M2 在氘带氯仿中的¹H NMR 谱图

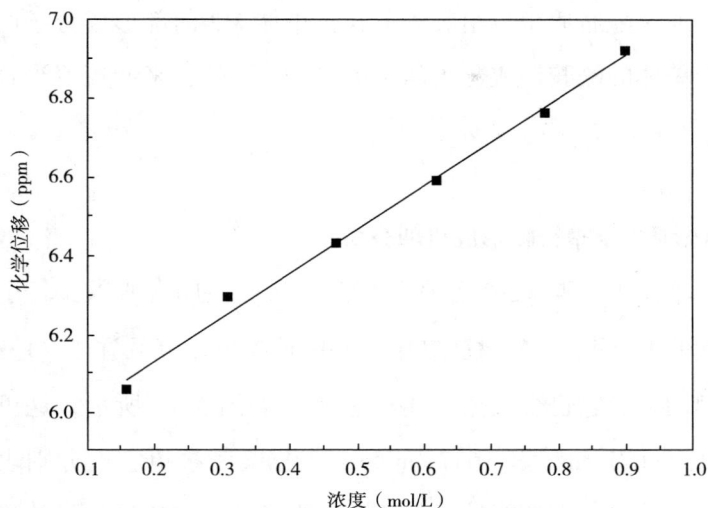

图 3.15　单体酰胺质子（图 3.14 中标 ∗）化学位移随单体浓度变化曲线

中的 ^1H NMR，由图 3.16 可知，随着 DMSO 量的增加，单体中酰胺氢的化学位移向低场移动。原因可能是 DMSO 中的基团 S＝O 与单体的酰胺氢形成了分子间氢键，致使其化学位移向低场移动。这些结果表明在聚

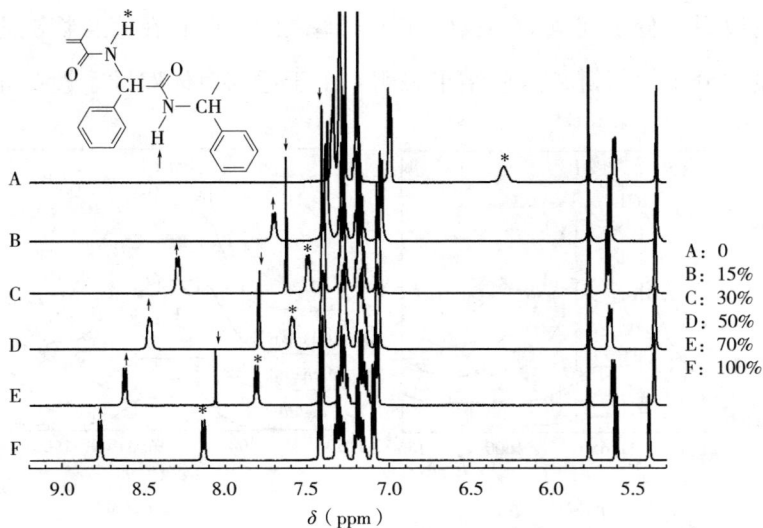

图 3.16　单体 M2 在氘带 DMSO 中不同浓度的 ^1H-NMR 谱图

合过程中通过酰胺质子自组装的形式，单体 M2 内部形成分子内氢键或与另一个单体的酰胺形成分子间氢键（图 3.13），来调控着聚合物的形成构象。

3.4.2　IR 对螺旋聚合物形成机理分析

因为单体 M1 和 M2 都分别包括两个酰胺基团，所以比较了它们在不同浓度的 IR 图。一般酰胺基中羰基的伸缩振动峰约在 1670 cm^{-1}，但由于氢键的影响它也会发生一定的移动。如图 3.17 所示，这里羰基出现两个峰（1671 cm^{-1} 和 1647 cm^{-1}），根据文献报道它们分别表示羰基分子内和分子间氢键的峰信号，从图中得知，从低浓度到高浓度甚至到固态，单体 M1 中羰基分子内氢键始终占据绝大多数，而单体 M2 中羰基分子在低浓度主要以分子内氢键形式存在，但其在高浓度和固体则以分子间形式存在。甚至在它们的聚合物中，也表现出同样的结果。如图 3.18 所示，从低浓度到固态形式，聚合物 P4 表现出比 P8 更多的分子内氢键。从图看出羰基分子间氢键比分子内氢键多，原因是此时形成聚合物以后，分子间氢键不仅存在于侧基之间，而且在聚合物链之间都有大量的分子间氢键。这些结果表明：由于远离单体双键手性单元的空

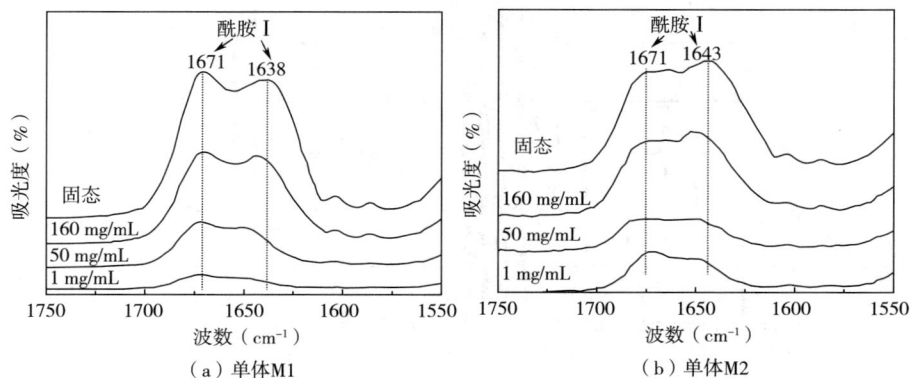

图 3.17　单体 M1 和单体 M2 在不同浓度溶液中和固体的红外谱图

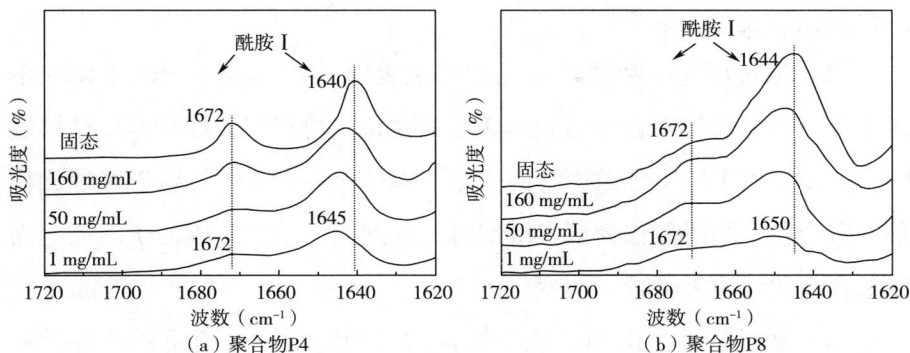

图 3.18　聚合物 P4 和 P8 在不同浓度溶液中和固体的红外谱图

间效应，其驱动了氢键的链接方式，进一步严重地影响了聚合物的形成过程。不同位置的氢键在聚合过程中起了两个作用：首先单体在反应初期通过氢键作用，对侧基的空间构象起到决定性作用；在聚合过程中，侧基的空间立体效应决定着聚合物主链的形成方式。简单来说，单体酰胺间的氢键和手性单元的立体结构共同作用支撑了聚合物的主链螺旋构象。本章的研究，为深入研究大分子二级结构的机理提供了一种新的研究思路。

3.5　本章小结

（1）分别利用两步不同的酰胺化反应成功地合成了单体 *RR*-PEBM、*RS*-PEBM 和 *R*-PMBM，并通过 IR、^{1}H NMR、DSC、TG、旋光光谱和圆二色光谱等一系列测试手段对它们的结构和性能进行表征。

（2）以 AIBN 为引发剂，氯仿、甲醇、四氢呋喃和甲苯作为聚合溶剂，分别对三种单体进行了自由基聚合，并成功获得了光学活性不同的均聚物，研究表明单体 *RS*-PEBM 和 *R*-PMBM 的聚合物光学活性随聚合溶剂的改变变化不明显，而 *RR*-PEBM 的聚合物光学活性随着溶剂的调整变化较大。

（3）通过旋光仪和圆二色光谱测试表明光学活性不同的单体在不同聚合溶剂中获得聚合物的光学活性的变化规律有明显的差异。结果表明：由于远离主链手性碳原子的作用，单体 *RR*-PEBM 能够形成螺旋构象的聚合物，当甲醇作为聚合溶剂时，溶剂能与单体形成分子间氢键而使聚合物的性质发生较大的变化。

（4）通过红外光谱和核磁共振氢谱证明：由于远离主链手性碳原子的作用，单体 *RR*-PEBM 中的氢键在聚合溶剂中主要以分子内的形式存在，侧链形成空间位阻较大的基团；而单体 *RS*-PEBM 和 *R*-PMBM 中的氢键在聚合溶剂中主要以分子间的形式存在，侧链多以线性的形式存在。

第4章 Lewis 酸和 MMA 对光学活性聚合物结构及性能的影响

4.1 引言

光学活性聚合物基于它的特殊结构已被重点研究,尤其是具有螺旋构象的聚合物被广泛应用于各个领域。合成类的螺旋聚合物受外界条件因素的影响较大,对单体的结构设计和聚合条件的掌握是实验的前提条件。如甲基丙烯酰胺类单体在自由基聚合时,Lewis 酸(如三氟甲磺酸盐)可以与单体产生某种形式的配位作用而对自由基聚合的立体定向产生影响,从而使聚合物的空间结构发生一定的变化。同时,若在手性单体的聚合中加入非手性单体,会改变共聚物的主链结构,从而使共聚物的定向发生变化。到目前为止已有许多文献有相关的报道,他们考察了 Lewis 酸和 MMA 的存在下光学活性新单体的自由基聚合,并对聚合物和共聚物的主链结构及手性识别能力之间的内在联系进行了一定的探讨。

本章考察 RR-PEBM 和 RS-PEBM 在 Y(OTf)$_3$ 存在下的自由基聚合反应。通过比旋光度和^{13}C NMR,对聚合物的主链和光学活性之间的内在联系进行了初步的探讨,并考察了 Lewis 酸对聚合物主链螺旋结构的影响。另外,在手性单体中加入另外一种非手性单体进行共聚能够获得不同特性的共聚物。因此,本章也考察了在手性单体 RR-PEBM 中加入不同比例的 MMA 而获得共聚物的性质并分析了部分共聚物的手性识别能力。

4.2 Lewis 酸催化下的单体自由基聚合

4.2.1 Lewis 酸催化下的聚合反应特征

在无水无氧条件下，分别以 AIBN 为引发剂和以 Lewis 酸为催化剂，单体 *RR*-PEBM 和 *RS*-PEBM 在不同聚合条件进行自由基聚合，聚合路线如图 4.1 所示。在 60 ℃ 聚合 24 h 后，产物经 THF 溶解、CH$_3$OH/H$_2$O 沉淀，反复沉淀 3 次，60 ℃ 真空干燥后得到一系列具有不同特性的聚合物。

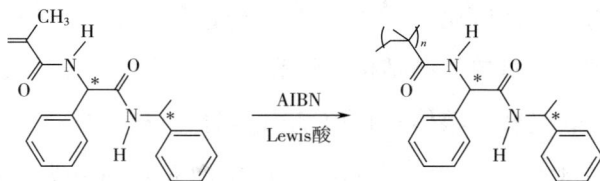

图 4.1　单体 *RR*-PEBM 和 *RS*-PEBM 的聚合过程

聚合结果列于表 4.1。聚合反应在甲苯中进行，随着聚合反应的进行，液体由均相转变为非均相，聚合物逐渐沉淀出来。聚合物能够溶于 THF、DMF、CHCl$_3$ 和 DMSO 等有机溶剂，但不溶于正己烷、乙醚、甲苯和甲醇等溶剂。从表中得出，稀土盐的加入使聚合物的分子量和产率有一定的提高。值得一提的是，Y（OTf）$_3$ 存在下的聚合物的立构规整度和光学活性发生了巨大的变化，对于存在稀土盐的聚合体系，两种聚合物的全同立构和无规立构的比例都有大幅度的提高，而同时间同立构的比例在下降。另外，聚合物的比旋光度都大于相对应的单体（*RR*-PEBM：$[\alpha]_{365}^{25} = -163°$ 和 *RS*-PEBM：$[\alpha]_{365}^{25} = -404°$）。不存在稀土盐形成的聚合物比存在稀土盐形成的聚合物有更正的比旋光度，如 *RR*-

PEBM 在不加 Y（OTf）$_3$ 聚合时，聚合物比旋光度为 192°，此值与单体比旋光方向相反；而加入 Y（OTf）$_3$ 聚合获得聚合物的比旋光度数值方向与单体相同，这说明稀土盐的存在不利于聚合物二级结构的形成。

表 4.1　单体 *RR*-PEBM 和 *RS*-PEBM 在不同条件下的自由基聚合总汇表[a]

样品编号	单体	Y（OTf）$_3$（mol/L）	M_n[b]（×10^4）	M_w/M_n[b]	立构规整度（mm/mr/rr）[c]（%）	产率[d]（%）	$[\alpha]_{365}^{25}$[e]（°）
1	*RR*-PEBM	—	1.8	2.9	~0/20/80	72	+192
2	*RR*-PEBM	0.1	2.3	3.6	21/59/20	96	+64
3	*RS*-PEBM	—	1.3	2.6	~0/12/88	83	−176
4	*RS*-PEBM	0.1	2.0	3.2	17/35/48	90	−214

a　聚合条件：单体浓度为 0.5 mol/L；引发剂浓度为 0.02 mol/L；温度为 60 ℃；时间为 24 h，溶剂：甲苯。

b　在 35 ℃的条件下，以 THF 为洗脱剂利用聚苯乙烯标准样测得 GPC 的标准曲线。

c　在 80 ℃的条件下测定^{13}C NMR。

d　不溶于乙醚和水混合溶剂的聚合物。

e　以 THF 为溶剂配置浓度为 1 mg/mL 的聚合物溶液，该溶液置于长度为 1 dm 的样品池中测得该样品的比旋光度 $[\alpha]_{365}^{25}$。

4.2.2　聚合物的核磁共振分析

4.2.2.1　聚合物的核磁共振氢谱分析

图 4.2 是聚合物 P3 的 ^{1}H NMR 谱图。将各个峰进行归属如下（下划线表示峰的归属）：a：—CH$_2$—C—C<u>H</u>$_3$（3H），0.93 ppm；b：N—C—C<u>H</u>$_3$（3H），1.37 ppm；c：CH$_3$—C—C<u>H</u>$_2$—（2H），1.91ppm；d：NH—C<u>H</u>—（1H），5.54 ppm；e：CH$_3$—C<u>H</u>—（1H），5.54 ppm；f 和 g：—CH—N<u>H</u>（2H），8.33 ppm；Ph：（10H），7.19~7.29 ppm。

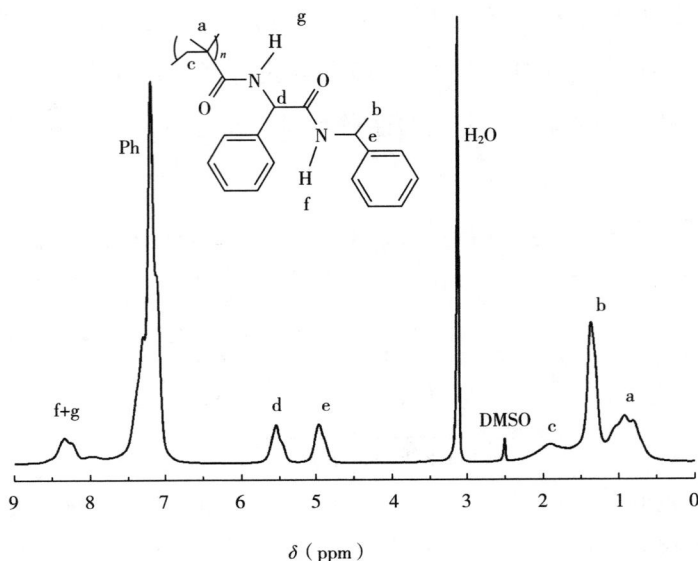

图 4.2　聚合物 P3 的 ^{1}H NMR 谱图（DMSO-d_6，80 ℃）

4.2.2.2　聚合物的核磁共振碳谱分析

图 4.3 是聚合物 P3 和 P4 的核磁共振碳谱，将各个峰进行归属如下：1：—CH$_2$—C—CH$_3$，17～20 ppm；2：—CH$_2$—C—CH$_3$，47～48 ppm；3：—CH$_2$—C—CH$_3$，51～55 ppm；4：NH—CH—，56 ppm；5：CH$_3$—CH—，48 ppm；6：N—C—CH$_3$，21 ppm；7：CH$_3$—C—C═O 168 ppm；8：NH—C═O，175 ppm；Ph：125～143 ppm。

根据相关文献，一般用核磁共振碳谱来计算甲基丙烯酰胺类聚合物的立构规整度，而聚合物的溶解度和活性较低，在常温获得碳谱的谱峰较宽且分辨率较低。因此，可以通过升高样品的测试温度来提高仪器对聚合物的分辨率。本实验的测试温度为 80 ℃。因为聚合物主链的甲基和侧链中苯乙基的甲基在核磁谱图有重叠，所以利用聚合物主链的 α 碳原子的裂分峰来计算其立构规整度［图 4.3（c）和（d）］。

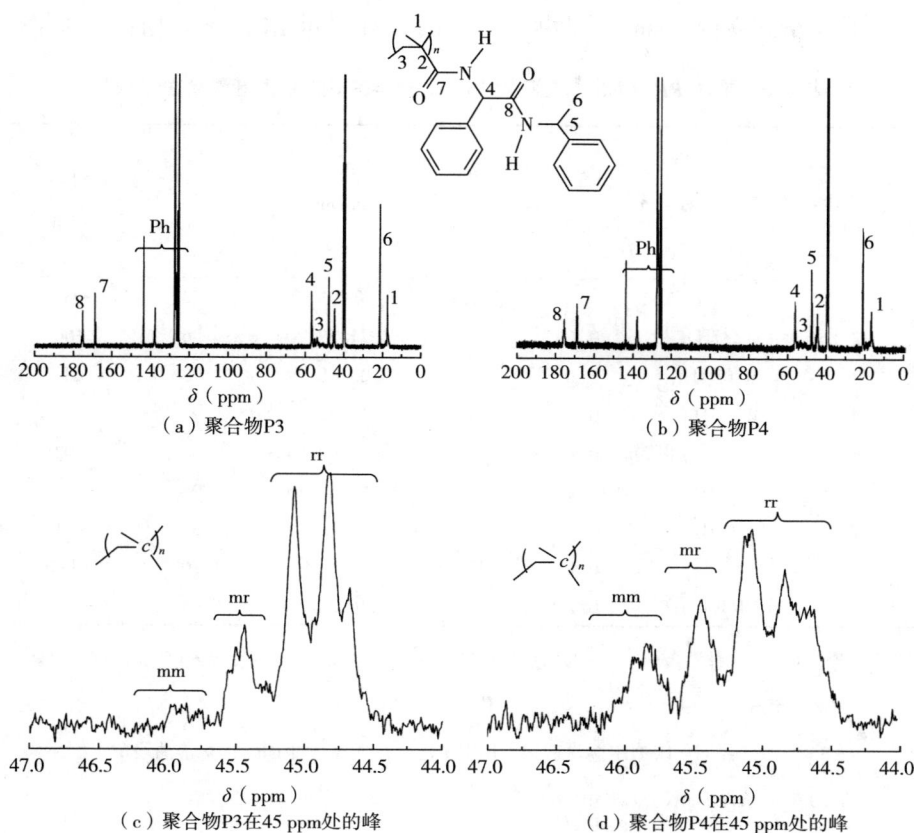

（a）聚合物P3　　　　　　　　　　　（b）聚合物P4

（c）聚合物P3在45 ppm处的峰　　　　（d）聚合物P4在45 ppm处的峰

图 4.3　聚合物 P3 和聚合物 P4 的 ^{13}C NMR 谱图（DMSO$-d_6$，80 ℃）

4.2.3　聚合条件改变对聚合物立构规整度的影响

4.2.3.1　Lewis 酸种类对聚合物立构规整度的影响

由于 Lewis 酸能够有效地调控聚合物主链的规整性，因此本实验以甲苯为溶剂，取不同的 Lewis 酸作为催化剂，得到具有不同立构规整度的 poly（*RR*-PEBM）（表 4.2）。从表中得出，Lewis 酸的加入使聚合物的分子量和产率有一定的提高。当添加 Lewis 酸进行聚合时，聚合物的立构规整度有较大变化，但不同的 Lewis 酸对聚合物立构规整性变化影响不同。如图 4.3 所示，通过测试聚合物的 ^{13}C NMR 中主链 α 碳原子的裂分峰的面积，得出全同立构（mm）、无规立构（mr）和间同立构（rr）所占的含量。

表 4.2　单体 *RR*-PEBM 在不同 Lewis 酸存在下的自由基聚合总汇表[a]

样品编号	Lewis 酸	$[LA]_0$ （mol/L）	M_n[b] （×10^4）	立构规整度 （mm/mr/rr）[c] （%）	产率[d] （%）	$[\alpha]_{365}^{25}$[e] （°）
1	—	0	1.8	0/20/80	72	+192
2	Y（OTf）$_3$	0.1	2.3	21/59/20	96	+64
3	Yb（OTf）$_3$	0.1	2.4	23/48/29	93	+84
4	Sc（OTf）$_3$	0.1	3.2	15/23/62	90	+48
5	Nd（OTf）$_3$	0.1	3.4	18/28/54	86	+92
6	La（OTf）$_3$	0.1	2.5	19/46/35	94	+74
7	Pr（OTf）$_3$	0.1	2.8	18/30/52	87	+51
8	ZnCl$_2$	0.1	2.7	5/32/63	90	+121
9	NdCl$_3$	0.1	3.3	10/34/56	92	+124

[a]　聚合条件：单体浓度为 0.5 mol/L；引发剂浓度为 0.02 mol/L；温度为 60 ℃；时间为 24 h，溶剂：甲苯。

[b]　在 35 ℃的条件下，以 THF 为洗脱剂利用聚苯乙烯标准样测得 GPC 的标准曲线。

[c]　在 80 ℃的条件下测定 ^{13}C NMR。

[d]　不溶于乙醚和水混合溶剂的聚合物。

[e]　以 THF 为溶剂配置浓度为 1 mg/mL 的聚合物溶液，该溶液置于长度为 1 dm 的样品池中测得该样品的比旋光度 $[\alpha]_{365}^{25}$。

从表 4.2 分析可知：无任何添加的情况下，得到的聚合物的全同立构（mm）几乎为零，而间同立构（rr）高达 80%；而当加入稀土金属的三氟甲基磺酸盐时，聚合物的全同立构有显著的提高，最大可达到 23%；而加入 ZnCl$_2$ 和 NdCl$_3$ 时，聚合物的规整度变化不明显。另外，当加入稀土金属的三氟甲基磺酸盐时，聚合物的光学活性与不加三氟甲基磺酸盐有较大的变化，但它们之间的变化不明显；而加入 ZnCl$_2$ 和 NdCl$_3$ 时，聚合物的的光学活性与加三氟甲基磺酸盐的聚合物也有明显的不同。这说明稀土金属的三氟甲基磺酸盐有利于聚合物的规整性，而卤化盐类不利于聚合过程的调控。原因可能是三氟甲基磺酸盐具有较大体积的阴离子，在聚合物过程中阴离子起到空间位阻的作用，从而影响了聚合物主链的形成。当采用含有不同稀土金属的三氟甲基磺酸盐作为催化剂时，形成聚合物的立构规整度有稍微的差别，其中添加 Y（OTf）$_3$ 和 Yb（OTf）$_3$ 的聚合物的规整度变化较大。因此，接下来将考察不同量的 Y（OTf）$_3$ 对聚合物立构规整度的影响。

4.2.3.2　Lewis 酸浓度对聚合物立构规整度的影响

通过以上的研究，Lewis 酸的加入能够极大地改善聚合物链的规整结构，且加入不同种类的 Lewis 酸对聚合物调控的力度也有一定的区别，但区别不是很明显。接着选取以甲苯为聚合溶剂，Y（OTf）$_3$ 作为添加剂，且改变其浓度分别为 0.05 mol/L、0.1 mol/L、0.2 mol/L 和 0.5 mol/L，在无水无氧的条件下，60 ℃反应 24 h，聚合结果列于表 4.3。

表 4.3　单体 *RR*-PEBM 在不同浓度 Y（OTf）$_3$ 的作用下的自由基聚合总汇表[a]

样品编号	Lewis 酸	$[LA]_0$ (mol/L)	M_n[b] ($\times 10^4$)	立构规整度 (mm/mr/rr)[c] (%)	产率[d] (%)	$[\alpha]_{365}^{25}$ [e] (°)
1	—	0	1.8	0/20/80	72	+192
2	Y（OTf）$_3$	0.05	1.9	15/52/33	93	+106
3	Y（OTf）$_3$	0.1	2.3	21/59/20	96	+64
4	Y（OTf）$_3$	0.2	2.0	28/41/31	90	−81
5	Y（OTf）$_3$	0.5	2.1	29/40/31	92	−92

[a] 聚合条件：单体浓度为 0.5 mol/L；引发剂浓度为 0.02 mol/L；温度为 60 ℃；时间为 24 h，溶剂：甲苯。

[b] 在 35 ℃的条件下，以 THF 为洗脱剂利用聚苯乙烯标准样测得 GPC 的标准曲线。

[c] 在 80 ℃的条件下测定 ^{13}C NMR。

[d] 不溶于乙醚和水混合溶剂的聚合物。

[e] 以 THF 为溶剂配置浓度为 1 mg/mL 的聚合物溶液，该溶液置于长度为 1 dm 的样品池中测得该样品的比旋光度 $[\alpha]_{365}^{25}$。

从表4.3得知，Y（OTf）$_3$的加入使聚合物的分子量和产率有一定的提高，但改变量不是很明显。结果与表4.2相类似，聚合物的全同立构随着Y（OTf）$_3$量的增加逐步提高。当Y（OTf）$_3$浓度为0.05 mol/L时，聚合物的全同立构为15%（mm=15%），提高的幅度仅为15%，当Lewis酸的浓度提高到0.2 mol/L，则其全同立构的含量上升到28%，但Lewis酸的浓度提高到0.5 mol/L时，聚合物的mm值也仅为29%。与Lewis酸浓度为0.2 mol/L相比，其变化基本不明显。另外，聚合物的光学活性与其立构规整度变化规律一致。这些结果表明，以甲苯为溶剂的聚合，聚合物的立构规整度随着添加剂Y（OTf）$_3$的量增多而增大，但达到一定浓度时，立构规整度就不再变化。原因可能是，Lewis酸与单体的配位比例是一定的，多余的Lewis酸在聚合过程就不再起任何作用。

4.2.3.3　聚合溶剂对聚合物立构规整度的影响

另外，还对聚合溶剂对聚合物立构规整度的影响进行了进一步的分析。选取THF、MeOH、甲苯、CHCl$_3$作为考察试剂，在无水无氧的条件下，60 ℃反应24 h。聚合结果列于表4.4。从表得出，当使用相同的聚合溶剂，不添加Lewis酸和添加Lewis酸进行聚合时，聚合物的产率变化有明显的不同，但在不同溶剂中得出的产率变化规律不一致。结果表明，聚合溶剂和添加剂Lewis酸对聚合物的产率都有一定的影响。值得一提的是，无论使用什么聚合溶剂，添加Lewis酸得到的聚合物比不添加得到的聚合物都具有更高的分子量，这说明Lewis酸的加入有利于促进聚合物分子量的提高。但是在添加Y（OTf）$_3$后，变化最大的是聚合产物的立构规整度和聚合物的光学活性，将不同溶剂中聚合产物的立构规整度的全同立构含量百分比绘成柱状图进行分析（图4.4）。

表 4.4　单体 *RR*-PEBM 在不同条件的自由基聚合总汇表[a]

样品编号	溶剂	Lewis 酸	$[LA]_0$ (mol/L)	M_n[b] (×10⁴)	立构规整度 (mm/mr/rr)[c] (%)	产率[d] (%)	$[\alpha]_{365}^{25}$ [e] (°)
1	THF	—	0	1.3	3/25/72	97	+157
2	THF	Y(OTf)$_3$	0.1	1.5	25/53/22	92	+50
3	MeOH	—	0	0.9	2/22/76	81	+101
4	MeOH	Y(OTf)$_3$	0.1	1.4	29/52/19	91	+68
5	甲苯	—	0	1.8	0/20/80	72	+192
6	甲苯	Y(OTf)$_3$	0.1	2.3	21/59/20	96	+64
7	CHCl$_3$	—	0	1.5	0/24/76	88	+165
8	CHCl$_3$	Y(OTf)$_3$	0.1	1.8	24/57/19	86	+52

[a] 聚合条件：单体浓度为 0.5 mol/L；引发剂浓度为 0.02 mol/L；温度为 60 ℃；时间为 24 h，溶剂：甲苯。

[b] 在 35 ℃ 的条件下，以 THF 为洗脱剂利用聚苯乙烯标准样测得 GPC 的标准曲线。

[c] 在 80 ℃ 的条件下测定 ^{13}C NMR。

[d] 不溶于乙醚和水混合溶剂的聚合物。

[e] 以 THF 为溶剂配置浓度为 1 mg/mL 的聚合物溶液，该溶液置于长度为 1 dm 的样品池中测得该样品的比旋光度 $[\alpha]_{365}^{25}$。

由图 4.4 得知，无 Lewis 酸存在获得的聚合物主链上的 mm 的含量普遍较低（mm 为 0~3%），其顺序依次为：THF>MeOH>甲苯＝CHCl$_3$；而当 Y(OTf)$_3$ 参与聚合反应后，使用不同溶剂进行聚合得到的聚合物主链上的 mm 的含量都显著提高（m 为 21%~29%），其顺序为：MeOH>THF>CHCl$_3$>甲苯。因此，溶剂对聚合物的立构有一定的影响。而且，从图 4.4 中对比溶剂氯仿、甲醇、甲苯、四氢呋喃中的聚合物发现，添加 Y(OTf)$_3$ 时极性弱的甲苯溶剂中获得聚合物的全同立构的含量比其他 3 种溶剂获得的聚合物的全同立构的含量低。即表明溶剂的极性对聚合物主链具有一定的调控作用。

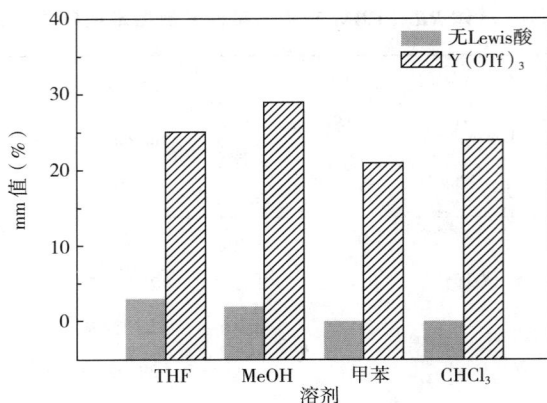

图 4.4　不同聚合条件下聚合物的 mm 值

4.2.4　聚合条件对聚合物光学活性的影响

4.2.4.1　聚合条件对聚合物比旋光度的影响

以上研究表明，不同的 Lewis 酸和聚合物溶剂对聚合物的规整结构和分子量都有一定的影响，那它们对聚合物的光学活性是否也有影响。本实验也对其进行了系统的研究，结果也列于表 4.3 和表 4.4 中。且通过柱状图 4.5 来分析表 4.4 中聚合物的比旋光度。

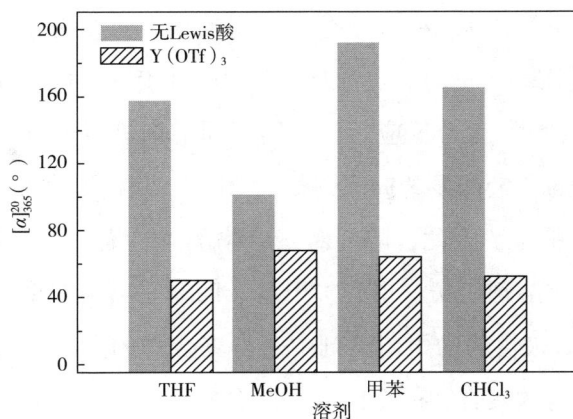

图 4.5　不同聚合条件获得聚合物的比旋光度

图 4.5 列出不同溶剂中添加和不添加 Y（OTf）₃ 得到聚合物的比旋光度之间的区别。从图中可以看出，当不添加 Y（OTf）₃ 时，聚合物得到较大的比旋光度值，也就是说，它们都有比较好的二级螺旋结构。当加入相同量的 Y（OTf）₃ 时，聚合物的二级结构都有相对的减弱，但减弱的幅度有所不同。在甲醇中减少的程度最小，原因可能是甲醇溶剂能与单体形成氢键，这大大减弱了 Lewis 酸和单体的配位，从而降低了 Lewis 酸在聚合过程中的作用。

另外，也考察了在同种溶剂中不同 Lewis 酸浓度对聚合物比旋光度的影响（图 4.6）。从图中得知，不加 Y（OTf）₃ 得到聚合物的比旋光度是 +192°，但随着 Y（OTf）₃ 量的增加，聚合物的比旋光度值逐渐降低，且 Y（OTf）₃ 的量从 0 到 0.2 mol 得到的聚合物的比旋光度值呈线性关系，当 Y（OTf）₃ 继续增加时，聚合物的比旋光度变化基本不大。这说明，Lewis 酸能与单体相互配位，而使聚合物链形成二级结构，但当加入过量的 Lewis 酸时，多余的 Lewis 酸在聚合过程中不起作用。

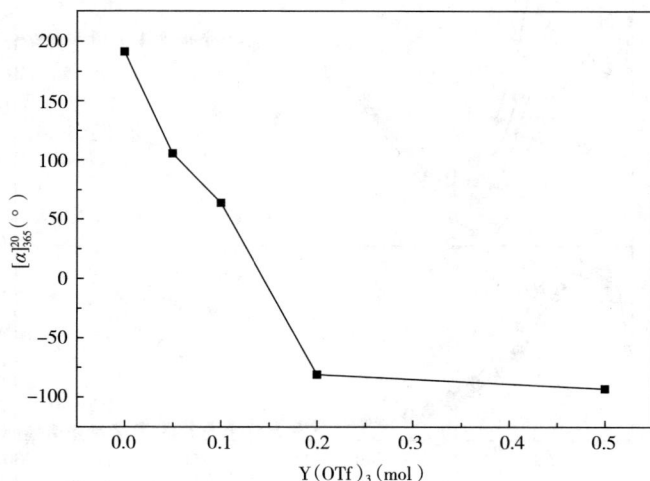

图 4.6　在不同浓度 Y（OTf）₃ 的催化下获得聚合物的比旋光度

4.2.4.2　Lewis 酸浓度对聚合物 CD 谱图的影响

　　由于 Lewis 酸浓度的变化对聚合物的比旋光度有较大的影响，因此，在这里检测了在不同浓度 Lewis 酸的催化下所得聚合物的圆二色光谱。样品配置浓度为 1 mg/mL，溶剂为 THF，测试结果见图 4.7。由图 4.7 得知，不添加 Lewis 酸得到的聚合物在 230 nm 和 210 nm 波长处分别显示了负的 Cotton 效应和正的 Cotton 效应，但加入 Y（OTf）₃ 后，Cotton 效应明显减小，且随着 Y（OTf）₃ 浓度的增大，其减小的幅度越来越大。当 Y（OTf）₃ 的浓度为 0.2 mol/L 时，谱图中正的 Cotton 效应明显消失，表明 Y（OTf）₃ 对聚合物的主链构象有明显的调控作用。但和前一部分表述相同，Lewis 酸的加入不利于此类聚合物螺旋构象的形成，原因可能是添加剂稀土金属易与形成氢键的羰基氧形成配合物，从而破坏了聚合物侧链基团大体积的形成。

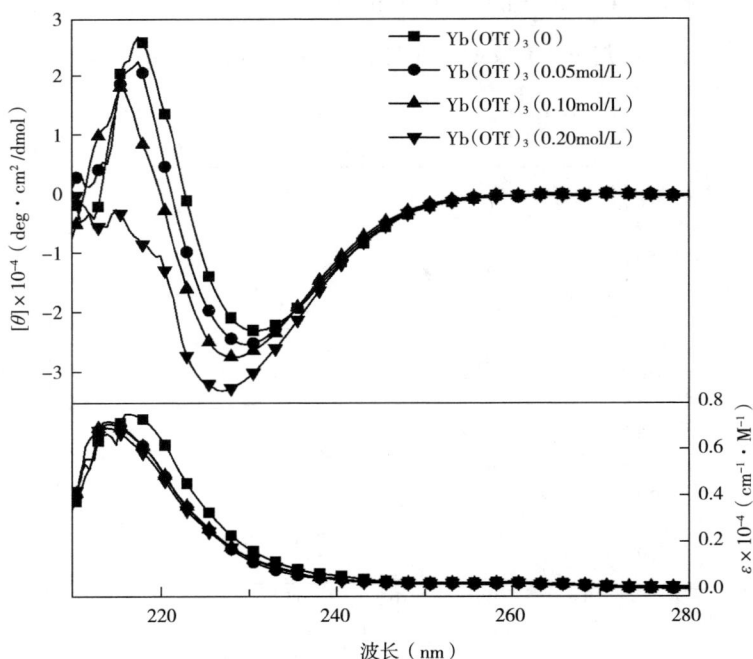

图 4.7　不同 Y（OTf）₃ 浓度得到的聚合物的 CD 和 UV-vis 谱图

4.3　MMA 存在下手性单体的自由基共聚

4.3.1　共聚物的聚合反应特征

在无水无氧条件，以 AIBN 为引发剂，单体 *RR*-PEABMAM 和 MMA 在不同条件进行自由基共聚，聚合路线如图 4.8 所示。在 60 ℃聚合 24 h 后，产物经 THF 溶解、CH_3OH/H_2O 沉淀，反复沉淀 3 次，60 ℃真空干燥后得到一系列共聚物。

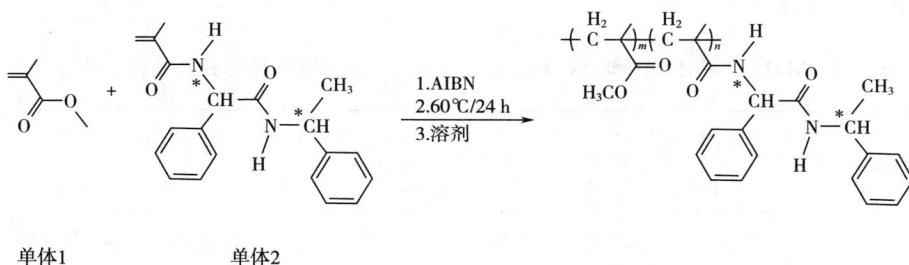

图 4.8　共聚物的合成路线

表 4.5 是不同条件下共聚反应的结果汇总表，所有样品的单体总浓度为 0.8 mol/L，引发剂偶氮二异丁腈（AIBN）的量为 0.01 mol/L，聚合温度为 60 ℃，采用不同的溶剂：甲苯（toluene）、四氢呋喃（THF）和甲醇（CH_3OH）。通过改变两种单体的比例和聚合溶剂，得到了性质不同的共聚物。通过计算和实验分别得到聚合物的产率、分子量及分子量分布、比旋光度和玻璃化转变温度等数据。从表中数据得知：在采用的聚合溶剂，随着 *RR*-PEBM 的增加，共聚物的性质显示了一致的规律性。为了研究聚合条件对共聚物旋光性质和玻璃化转变温度的影响，对聚合组分和聚合溶剂做了改变。共聚物都有较高的数均分子量 $[M_n = (1.4\sim4.1)\times10^4]$。共聚物能够溶于大多数有机溶剂，如 THF、DMF、

氯仿、丙酮和乙腈等，但不溶于甲醇、甲苯、正己烷、乙醚和水等。值得一提的是，与单体 RR-PEBM 的比旋光度（$[\alpha]_{365}^{25} = -165°$）相比，共聚物的旋光度由负值变为正值。表明共聚物主链形成了一定的二级结构。且从表中得知，在 3 种聚合溶剂中，随着手性单体 RR-PEBM 的增加，所形成的共聚物的比旋光度逐渐增大（图 4.9），说明 RR-PEBM 在共聚物螺旋结构的形成中起主导作用，但在 3 种聚合溶剂得到的共聚物的比旋光度的大小顺序依次为：甲苯>THF>MeOH。原因可能是：甲醇作为聚合溶剂时，单体与甲醇之间能够形成分子间氢键，但在甲苯中单体易形成分子内氢键，这样会形成大结构的空间侧链，从而有利于共聚物螺旋结构的形成。

表 4.5　MMA（单体 1）和 RR-PEBM（单体 2）在不同条件的自由基共聚总汇表

样品编号	单体[a] （1/2，摩尔比）	溶剂	M_n[b]	M_w/M_n[b]	产率[c] （%）	$[\alpha]_{365}^{25}$[d] （°）	T_g （℃）
1	80/20	甲苯	23200	1.54	32	−11	162.48
2	60/40	甲苯	36800	2.08	35	17	180.05
3	50/50	甲苯	40400	2.08	41	34	181.78
4	40/60	甲苯	41200	2.41	45	53	184.96
5	20/80	甲苯	41300	3.18	44	117	187.09
6	0/100	甲苯	41300	3.21	95	192	183.37
7	80/20	THF	14400	1.62	41	−30	147.34
8	60/40	THF	14700	2.35	68	−3	175.19
9	50/50	THF	16000	2.26	76	30	184.35
10	40/60	THF	18100	2.84	75	40	182.46
11	20/80	THF	17600	3.12	78	97	183.35
12	0/100	THF	19500	2.56	92	157	186.95
13	80/20	MeOH	15700	1.81	69	−41	150.87
14	60/40	MeOH	20300	2.16	75	−10	161.23
15	50/50	MeOH	28600	2.32	76	28	168.31

样品编号	单体[a] (1/2，摩尔比)	溶剂	M_n[b]	M_w/M_n[b]	产率[c] (%)	$[\alpha]_{365}^{25}$[d] (°)	T_g (℃)
16	40/60	MeOH	30400	2.18	74	32	173.56
17	20/80	MeOH	33400	2.57	78	85	180.71
18	0/100	MeOH	32500	2.43	90	101	180.23

[a] 聚合条件：单体 1 为 MMA，单体 2 为 RR-PEBM，单体浓度为 0.8 mol/L；引发剂浓度为 0.01 mol/L；温度为 60 ℃；时间为 24 h。

[b] 在 35 ℃ 的条件下，以 THF 为洗脱剂利用聚苯乙烯标准样测得 GPC 的标准曲线。

[c] 不溶于甲醇的聚合物。

[d] 以 THF 为溶剂配置浓度为 1 mg/mL 的聚合物溶液，该溶液置于长度为 1 dm 的样品池中测得该样品的比旋光度 $[\alpha]_{365}^{25}$。

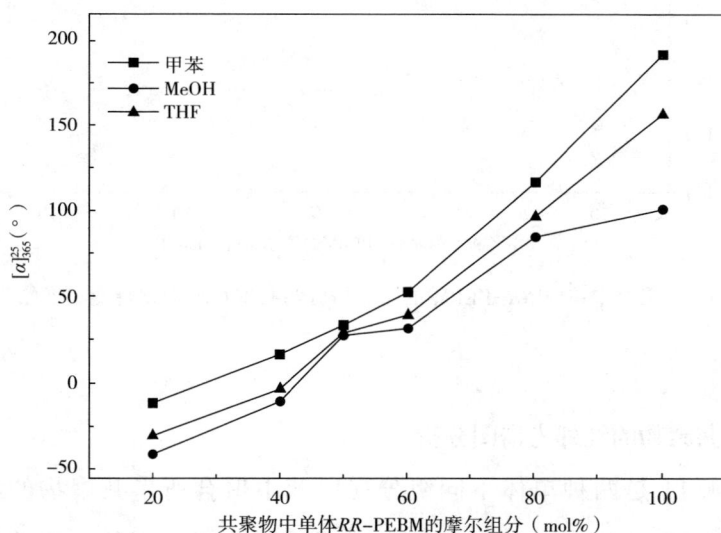

图 4.9　共聚物中单体 RR-PEBM 的摩尔组分与共聚物比旋光度的关系图

　　图 4.10 是不同组分和在不同溶剂中形成共聚物的玻璃化转变温度的变化。与表 4.5 相对照，在不同反应溶剂中随着手性单体摩尔量的增加，所形成的共聚物的玻璃化转变温度也逐渐增大。原因可能是随着单体 RR-PEBM 量的增加，所形成的共聚物的分子量也在逐渐增大，从而

致使共聚物玻璃化转变温度的增大。但在不同反应溶剂中得到的共聚物的变化趋势有稍微的不同，这可能与比旋光度的变化有类似的原因，即不同的溶剂中，形成的聚合物的主链的变化使玻璃化转变温度有较大的改变。

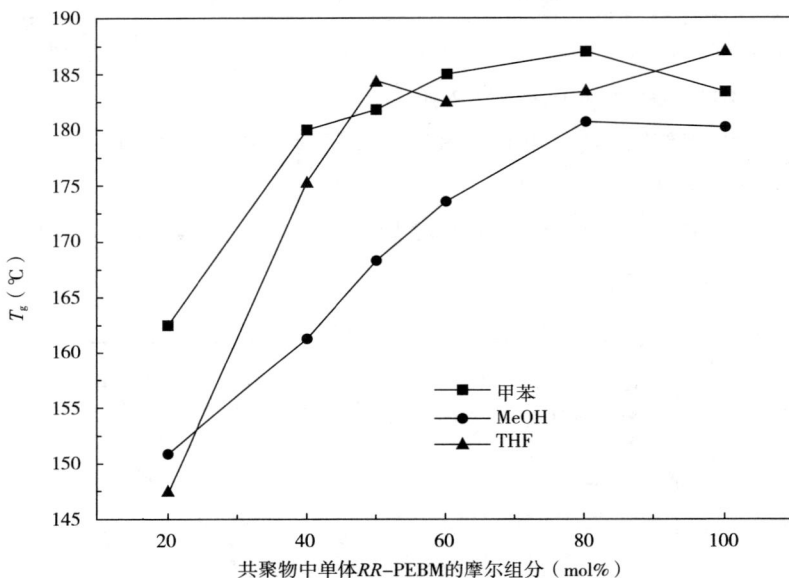

图 4.10　共聚物中单体 RR-PEBM 的摩尔组分与共聚物玻璃化转变温度的关系图

4.3.2　共聚物的红外光谱图分析

图 4.11 是两种单体不同组分在甲苯中聚合所得共聚物的红外对比图。1721 cm^{-1} 表示的是酯基中羰基的特征峰，即其代表的是甲基丙烯酸甲酯的量，1661 cm^{-1} 表示的是酰胺基中羰基的特征峰，其代表的是单体 RR-PEBM 的量。在图中的共聚物 1、共聚物 3 和共聚物 5 表示含单体 RR-PEBM 的摩尔量分别为 20%、50% 和 80%，随着共聚单体 RR-PEBM 量的增加，共聚物中酯基特征峰明显减小，而酰胺基的特征峰明显增加。从这可以看出得到的共聚物成分与所加

单体组分一致。

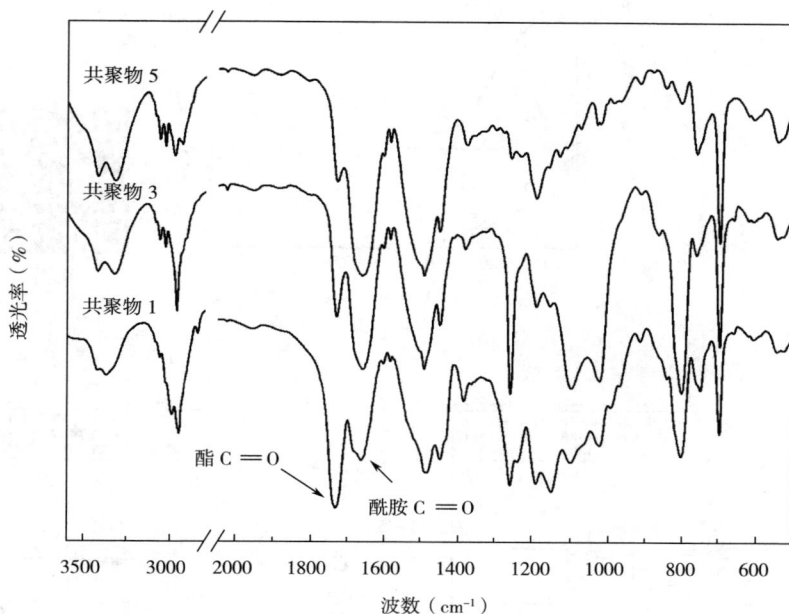

图 4.11　共聚物 1、共聚物 3 和共聚物 5 的红外对比图

4.3.3　共聚物的圆二色光谱分析

图 4.12 是共聚物在不同溶剂中的圆二色光谱图和紫外—可见光谱。共聚物的 CD 谱在 230 nm 处出现一个负的 Cotton 效应，在 210 nm 处出现一个正的 Cotton 效应。随着 MMA 浓度的增加，圆二色信号逐渐减弱，当 MMA 的浓度达到 80% 时，信号降低到原来的 1/4，同时，紫外可见光谱的信号峰也在降低。另外，不同聚合溶剂得到的共聚物的 CD 谱图走向与趋势一致，随着 *RR*-PEBM 的比例的增加，显示的 Cotton 效应越强，且最高峰的位移基本没发生变化。但在不同溶剂中得到的共聚物的 CD 谱图变化的程度有稍微的不同，表明聚合溶剂对聚合物的光学活性的有一定的影响。

（a）在甲苯中共聚

（b）在四氢呋喃中共聚

（c）在甲醇中共聚

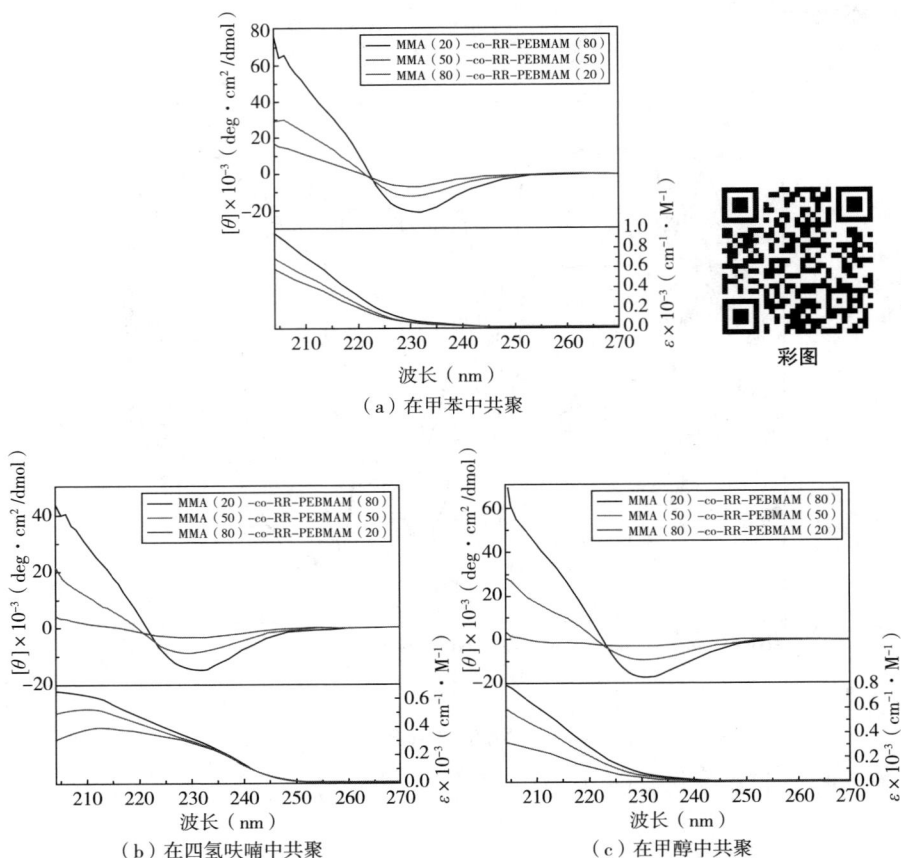

图 4.12　共聚物的 CD 和 UV-Vis 谱图

4.3.4　涂敷型手性固定相手性拆分性能的研究

　　由 THF 作为涂敷溶剂，将共聚物 1 和共聚物 5 制备成涂敷型手性固定相，并分别命名为 CSP-1 和 CSP-2，通过 HPLC 来考察共聚物的手性拆分能力及影响因素。利用 TGA 来计算手性固定相的涂敷率，见图 4.13，其中曲线 A 为 CSP-1 的 TGA 曲线，曲线 B 为氨丙基硅胶的 TGA 曲线。从图中可以看出曲线 A 的热失重比例为 19%，曲线 B 的热失重比例为 0.5%，由计算可知 CSP-1 的涂敷率为 18.5%，同样的方法得到 CSP-2 的涂敷率为 18.7%。HPLC 的测试流动相为正己烷和异丙醇，且它们的比例为 9∶1。在流动相中加入 1,3,5-三叔丁基苯来测定手性固定相的保留时间 t_0，苯作为标准物来计算手性固定相的理论塔板数（NTP），且得出 CSP-1 和 CSP-2 的 NTP 分别为 2654 和 2046。手性拆分数据列于表 4.6。

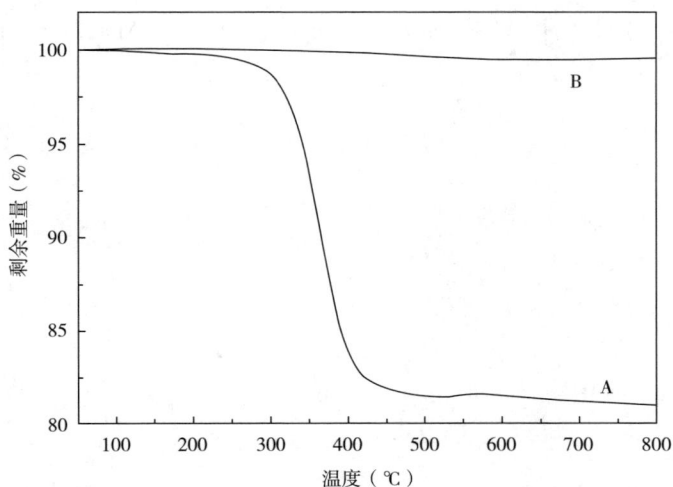

图 4.13　手性固定相 CSP-1（A）和氨丙基硅胶（B）的 TGA 曲线

　　从表 4.6 得知，共聚物 1 只对对映体 5 有一定的识别能力（图 4.14），对其他对映体基本没有识别。共聚物 5 除了对对映体 7 有一定的手性识别能力外，对对映体 5 有较好的拆分能力。另外，共聚物 5 的识别能力较优于共聚物 1，原因是共聚物 5 中含有较多起识别作用的单体 *RR*-PEBM。共聚物 5 有一定识别能力的原因可能是共聚物中存在的羰基能与对映体 5 的钴形成配合物。与对映体 5 相比，对映体 7 能与共聚物形成一定的分子间氢键，因此 CSP 才显示了对其具有一定的手性识别能力（$\alpha \approx 1$）。由于空间位阻的作用，即使对映体 3 和对映体 4 也能与 CSP 形成一定的氢键，但 CSP 并没有表现出对其手性识别能力。这些结果说明聚合物和对映体的空间结构在手性拆分中扮演重要的角色。

表 4.6　CSP-1（共聚物 1）和 CSP-2（共聚物 5）对对映体的拆分结果总汇表[a]

对映体	CSP-2[b]			CSP-1[c]		
	停留时间 t_{R1}（min）	k'_1	α	停留时间 t_{R1}（min）	k'_1	α
1.	26.2	2.1	1	10.2	0.1	1
2.	9.9	0.18	1	10.5	0.13	1
3.	33.9	3.01	1	23.9	1.57	1
4.	13.8	0.64	1	12.2	0.32	1
5.	28.8	4.61 (−)	1.31	12.5	0.35 (−)	~1
6.	26.7	2.16	1	32.3	2.47	1
7.	15	0.78 (+)	~1	14.7	0.58	1

[a]　流速为：0.1 mL/min；色谱柱规格：2.0 mm×250 mm；洗脱剂：正己烷/异丙醇（体积比为 95/5）；括号中的符号显示了第一个洗脱对映体的旋光度。

[b]　涂覆样品为共聚物 5。

[c]　涂覆样品为共聚物 1。

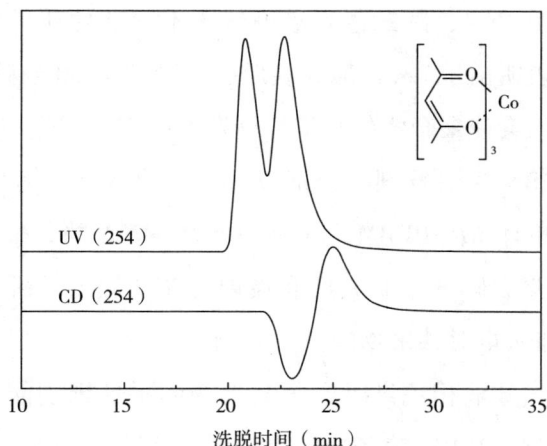

图 4.14　对映体 3 在 CSP-1 上的拆分效果图

4.4　本章小结

（1）以 AIBN 为引发剂，Y（OTf）$_3$ 为催化剂，在甲苯中对单体 *RR*-PEBM 和 *RS*-PEBM 进行了自由基聚合，并成功地获得了光学活性不同的均聚物。研究表明 Y（OTf）$_3$ 的加入严重影响着聚合物的立构规整度和光学活性。

（2）分别改变不同的聚合条件（如聚合溶剂、Lewis 酸的种类及 Lewis 酸的浓度）获得性质不同的聚合物 P（*RR*-PEBM），且实验表明 Lewis 酸会破坏聚合物侧链基团的氢键，极大地减弱了聚合物的二级结构。

（3）利用核磁共振碳谱计算在不同条件获得的聚合物的立构规整度。结果表明稀土金属的三氟甲磺酸盐能提高聚合物的全同立构，而含有氯离子的金属盐对聚合物立构规整度几乎没有影响。另外，Lewis 酸的浓度和聚合溶剂的改变对聚合物的立构规整度影响也较小。

（4）利用旋光仪、圆二色光谱测试了不同条件获得的聚合物的光学活性。研究表明由于 Lewis 酸和易形成氢键的溶剂能够破坏单体的氢键，它们的加入会使聚合物的光学活性发生一定的变化。

（5）以 AIBN 为引发剂，分别以甲苯、甲醇和四氢呋喃为聚合溶剂，实现手性单体 *RR*-PEBM 和非手性单体 MMA 的共聚。利用旋光仪和 DSC 测试了聚合物的比旋光度和玻璃化转变温度。研究表明聚合溶剂和 MMA 的加入量对共聚物的性质影响较大。

（6）利用高效液相色谱考察了共聚物的手性识别能力，研究表明含有手性单体 *RR*-PEBM 较多成分的共聚物对三（乙酰丙酮）钴表现出了较好的拆分能力。

第5章 P（*R*-BCBMAM）型手性固定相的制备及手性识别能力的研究

5.1 引言

手性与人类的健康和日常生活密切相关，从天文学到地球学，从化学到医药学，几乎到处都有其身影，如人们常见的食品、药品等大多数物质都具有手性。手性化合物的单一对映体有些对生命体是有利的，但有些是有害的。因此，对手性化合物的手性拆分显得尤为重要。而目前最常用的拆分方法以高效液相色谱法最为成熟，现在已有大量的天然改性和人工合成的色谱柱应用于高效液相色谱（HPLC）中对手性药物实现分离。其中人工合成类手性固定相（CSP）主要包括聚（甲基）丙烯酸脂类、聚（甲基）丙烯酰胺类和聚苯乙炔类等。从大量相关文献得知，聚合物的手性分离效果与其自身的结构有非常大的关系。

本章分别利用酯交换和酰胺化反应合成了含有手性结构的单体 *N*-[（*R*）-α-叔丁氧基羰基苄基] 甲基丙烯酰胺（*R*-BCBMAM），并利用自由基聚合的方法合成了相对应的聚合物 P（*R*-CBMAM），在三氟乙酸的存在下，对聚合物的叔丁基酯进行了水解并成功地获得了聚合物 P（*R*-CBMAM），具体的聚合和水解路线如图 5.1 所示。通过旋光仪、圆二色光谱和紫外—可见光谱对两种聚合物的光学活性分别进行了表征，最后分别通过高效液相色谱（HPLC）和核磁共振氢谱（^{1}H-

NMR）对聚合物的手性识别进行了考察。

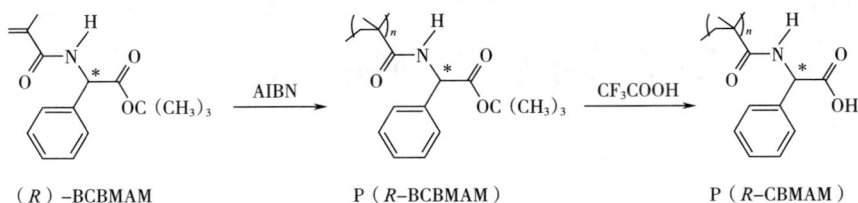

图 5.1　单体 *R*-BCBMAM 的聚合和聚合物 P（*R*-BCBMAM）的水解

5.2　单体 *R*-BCBMAM 的合成及表征

5.2.1　单体 *R*-BCBMAM 的合成

单体 *R*-BCBMAM 的合成路线如图 5.2 所示。单体制备过程分为两步进行，第一步为中间产物苯甘氨酸叔丁酯的合成，在强酸条件，含有手性中心的苯甘氨酸和乙酸叔丁酯生成单体的中间产物，通过柱色谱的方法纯化，得到白色固体粉末；第二步为单体的合成，此反应为碱性条件，中间产物与甲基丙烯酰氯的反应，产物经过重结晶纯化，得到白色的晶体，产率达到69%。

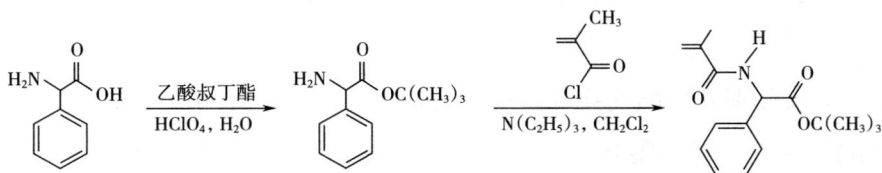

图 5.2　单体 *R*-BCBMAM 的合成路线

5.2.2　单体 *R*-BCBMAM 的 ^{1}H NMR 表征

单体 *R*-BCBMAM 的 ^{1}H NMR 谱图列于图 5.3，将各个峰进行归属

（下划线表示峰的归属）如下：a：—CH₂—C—C$\underline{H}_3$（3H），1.42 ppm；b：—O—C—（C$\underline{H}_3$）₃（3H），1.98 ppm；c 和 d：CH₃—C—C$\underline{H}_2$—（2H），5.38 和 5.78 ppm；e：NH—C$\underline{H}$—（1H），5.50～5.51 ppm；f：—CH—N$\underline{H}$（1H），6.83～6.84 ppm；Ph：（5H），7.30～7.33 ppm。

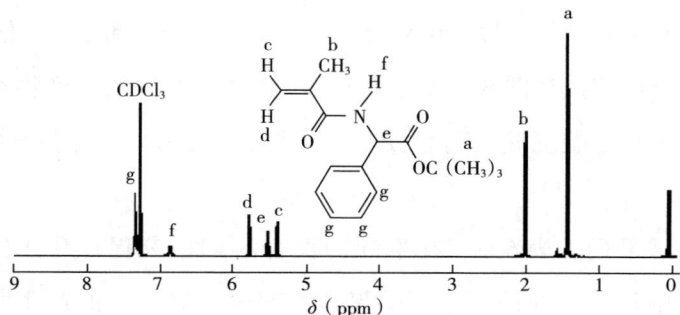

（a）单体 *R*-BCBMAM（室温）

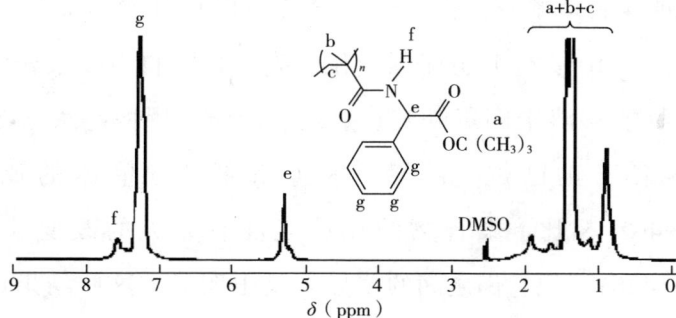

（b）聚合物 P-CBM-4（80 ℃）

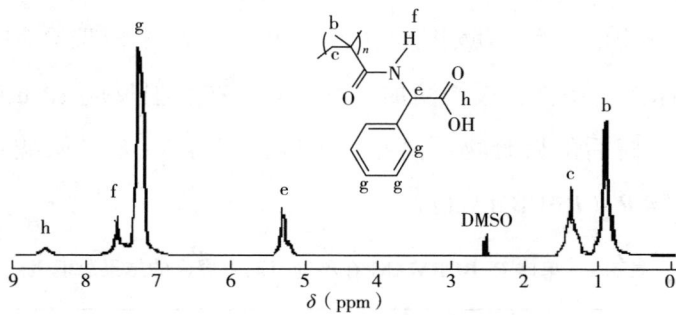

（c）聚合物 P-CBM-4'（80 ℃）

图 5.3　单体 *R*-BCBMAM（室温）和聚合物 P-CBM-4 和

P-CBM-4'（80 ℃）的 ¹H NMR 谱图

5.3 单体 *R*-BCBMAM 的自由基聚合

5.3.1 *R*-BCBMAM 聚合反应特征

在无水无氧条件，以 AIBN 为引发剂单体在不同聚合溶剂进行自由基聚合，合成路线如图 5.1 所示。在 60 ℃ 聚合 24 h 后，产物经 THF 稀释，然后用正己烷沉淀、离心，反复沉淀 3 次，60 ℃ 真空干燥得到聚合物。

聚合结果列于表 5.1，在不同的聚合溶剂中获得性质不同的聚合物。从表中得知，在使用不同的聚合溶剂时，聚合物的产率都在 85% 以上，说明聚合产率较高。另外，聚合物也具有较高的分子量 $M_n =$ $(0.9 \sim 2.3) \times 10^4$，但其分子量范围较宽，这是自由基聚合的基本特性。聚合物能够溶于四氢呋喃、氯仿、丙酮、甲醇等大多数有机溶剂，但不溶于正己烷、乙醚、水等溶剂。与单体的比旋光度 $[\alpha]_{365}^{25} = -462°$ 相比，聚合物的比旋光度有较大的改变（$[\alpha]_{365}^{25} = -155° \sim -142°$），但它们之间的差异不是很明显，这些结果说明聚合物在形成过程中主链产生了一定的二级构象，但其受外界影响甚微。另外，聚合物的水解示意图如图 5.1 所示，首先把聚合物 P4 溶于 THF，在冰浴的条件，缓慢滴加三氟乙酸。在室温反应 12 h 后，利用水来沉淀水解后的聚合物。离心、干燥，获得 *N*-苯甘氨酸甲基丙烯酰胺聚合物 P（*R*-CBMAM）。

表 5.1 单体 *R*-BCBMAM 在不同溶液中聚合的结果总汇表

聚合物[a]	溶剂	产率[b]（%）	M_n[c]（$\times 10^4$）	M_w/M_n[c]	$[\alpha]_{365}^{25}$[d]（°）
P-CBM-1	MeOH	88	1.3	2.16	−155
P-CBM-2	CHCl₃	91	0.9	1.94	−144

续表

聚合物[a]	溶剂	产率[b]（%）	M_n^c（$\times 10^4$）	M_w/M_n^c	$[\alpha]_{365}^{25}$[d]（°）
P-CBM-3	THF	95	1.3	2.77	-150
P-CBM-4	甲苯	87	2.3	2.03	-142

[a] 聚合条件：单体浓度为 0.5 mol/L；引发剂浓度为 0.02 mol/L；温度为 60 ℃；时间为 24 h。

[b] 不溶于正己烷的聚合物。

[c] 在 35 ℃的条件下，以 THF 为洗脱剂利用聚苯乙烯标准样测得 GPC 的标准曲线。

[d] 以 THF 为溶剂配置浓度为 1 mg/mL 的聚合物溶液，该溶液置于长度为 1 dm 的样品池中测得该样品的比旋光度 $[\alpha]_{365}^{25}$。

5.3.2　R-BCBMAM 和聚合物的 ^{1}H NMR 表征

由表 5.1 中的数据可知聚合物的光学活性与其相对应的单体发生明显的变化，这说明单体手性单元的诱导和聚合物内的氢键、空间位阻等共同作用使聚合物主链有一定的构象生成，因此，为了证实这种的假设，本研究考察了去叔丁基的聚合物的特性，即聚合物在强酸作用下水解掉叔丁基得到 N-苯甘氨酸甲基丙烯酰胺聚合物［P（R-CBMAM）］。图 5.3 是单体和聚合物的 ^{1}H NMR 谱图。由谱图得知，与单体的 ^{1}H NMR 谱图相比，聚合物 P-CBM-4 显示的谱峰变宽，这是由于单体聚合以后聚合物的黏度变大，活性降低，从而导致聚合物的谱图的分辨率降低。另外，在 $\delta = 5.38$ ppm 和 5.78 ppm 处的乙烯基质子峰完全消失，且在 0~2.2 ppm 处出现较大的亚甲基的吸收峰，这些结果表明本实验成功获得了聚合物。另外，当把聚合物的叔丁基水解掉以后，图 5.3（c）显示出：$\delta = 1.4$ ppm 处表示聚合物 P-CBM-4' 的甲基和亚甲基共振峰的强度降为原来的 20% 左右，同时，在 8.6 ppm 处出现羧基质子峰。这表明聚合物的水解也是完全的，叔丁基已被彻底水解。

5.3.3　R-BCBMAM 的聚合物的 IR 表征

与聚合物的 ^{1}H NMR 谱图相对应，测试了聚合物水解前后的 IR 谱图。图5.4是聚合物 P-CBM-4 和 P-CBM-4' 的 IR 谱图。从 P-CBM-4 的曲线得知，在 1369 cm^{-1} 和 1393 cm^{-1} 处是 C—H 键的面内对称伸缩振动，在 1153 cm^{-1} 处是叔丁酯 C—O 键的面内不对称伸缩振动。但聚合物在水解以后，1153 cm^{-1} 处的峰在 P-CBM-4' 的 IR 谱图中完全消失，同时，1369 cm^{-1} 和 1393 cm^{-1} 处的峰明显减弱，而在 3000~3500 cm^{-1} 处的峰明显增强，表明此区域除了 NH 存在外，还有 OH 的特征峰形成。这都说明聚合物水解得非常完全。

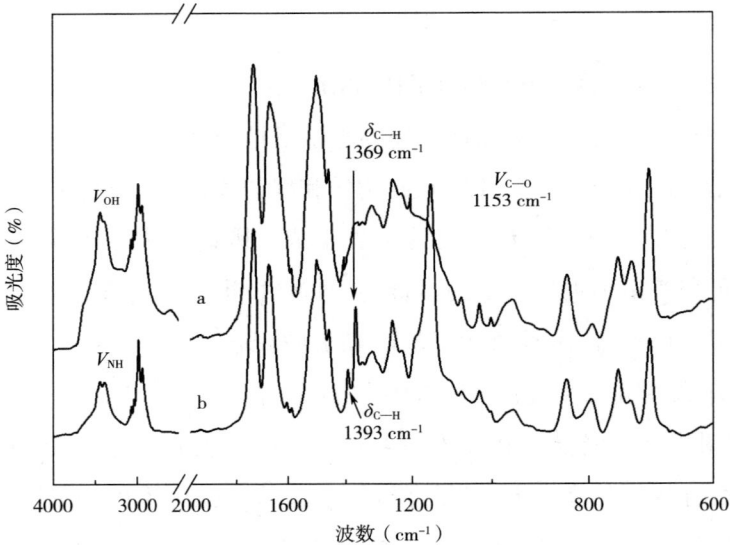

图 5.4　聚合物 P-CBM-4（b）和 P-CBM-4'（a）的 IR 谱图

5.3.4　R-BCBMAM 的聚合物的光学活性

与单体的比旋光度（$[\alpha]_{365}^{25}=-462°$）相比，聚合物 P-CBM-4 的比旋光度的值为 -142°，而当聚合物水解以后，其比旋光度又减小到 -320°。这充分说明聚合物 P-CBM-4 在形成过程中主链有一定的二级构象形成，因此本实验测试了单体和聚合物的圆二色光谱和紫外—可见光谱。图 5.5（a）是单体 *R*-BCBMAM、聚合物 P-CBM-4 和 P-CBM-4'在甲醇中的 CD 和 UV-vis 谱图。由 UV-vis 谱图来看，单体和聚合物的差异不是很大，但在 CD 谱图中，*R*-BCBMAM 仅仅在 224 nm 处有负的 Cotton 效应。当聚合以后，聚合物负 Cotton 效应的峰发生一定的红移，且其强度也相应地减弱，同时，在 211 nm 处出现一个明显的 Cotton 效应。这个现象说明聚合物的主链形成了一定的二级结构。但水解以后，聚合物 P-CBM-4'在 211 nm 处的 Cotton 效应基本消失，且其负的 Cotton 效应的峰移到与单体的峰位置相同，这些都说明在水解以后，聚合物失去大体积叔丁基的支撑，使其空间位阻发生变化，从而导致聚合物主链的构象发生变化。

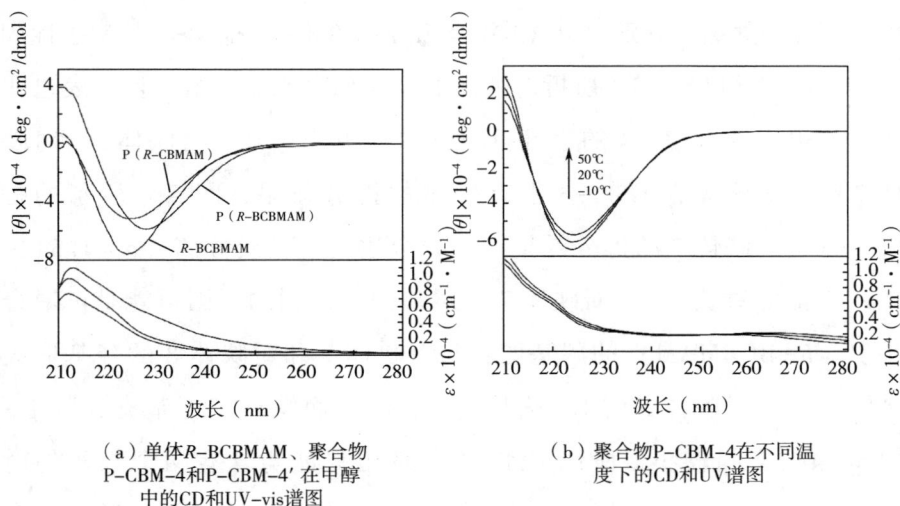

（a）单体 *R*-BCBMAM、聚合物
P-CBM-4 和 P-CBM-4' 在甲醇
中的 CD 和 UV-vis 谱图

（b）聚合物 P-CBM-4 在不同温
度下的 CD 和 UV 谱图

图 5.5　单体 *R*-BCBMAM 和聚合物 P-CBM-4 和 P-CBM-4'的 CD 和
UV-vis 谱图以及聚合物 P-CBM-4 在不同温度下的 CD 和 UV 谱图

　　由于具有二级构象的聚合物在形态的保持方面受外界因素改变而有一定的变化，因此，本实验考察了聚合物 P-CBM-4 在 THF 中不同温度下构象的稳定性。图 5.5（b）是 P-CBM-4 在 THF 从 -10～50 ℃的 CD

和 UV-vis 谱图。由图得知，随着测试温度的升高，聚合物的 Cotton 效应峰逐渐减弱。螺旋聚合物在温度升高时，分子运动加快，导致聚合物主链的取向度降低，促使了 Cotton 效应减弱；反之，对 Cotton 效应有加强作用。总的结果说明在二级构象的形成过程中，此类聚合物大体积侧基的空间位阻起了决定性的作用。

5.3.5　*R*-BCBMAM 聚合物的手性拆分性能

Okomoto 等制备了与聚合物 P（*R*-BCBMAM）结构类似的 *N*-［（*R*）-α-甲氧基羰基苄基］甲基丙烯酰胺型 CSP，该聚合物仅对联萘酚（BINOL）及其衍生物表现出一定的手性识别能力。因此本章也对聚合物 P（*R*-BCBMAM）和 P（*R*-CBMAM）的手性拆分能力进行了考察。通过涂敷法，分别由 P-CBM-4 和 P-CBM-4' 制备涂敷型手性固定相 CSP-3 和 CSP-4，所拆对映体的结构如表 5.2 所示，且该表也比较了 CSP-3 和 CSP-4 的手性拆分效果。由表可知，对映体 5、对映体 7 和对映体 8 在 CSP-3 上有一定的拆分效果，图 5.6 所示的是 CSP-3 对对映体 7 的拆分效果图，完全达到了基线分离（α=1.34）。CSP-3 能对对映体 5、对映体 7 和对映体 8 识别的原因可能是：聚合物 P（*R*-BCBMAM）的羰基能够与对映体 7 和对映体 8 的羟基形成氢键，而与对映体 5 的 Co 易形成配合物。而缺乏叔丁基支撑的 P-CBM-4' 空间较小，所以 CSP-4 表现出只能与含有两个羟基的对映体 8 形成一定的作用。而对映体 1 和对映体 2 既没有能形成氢键的羟基也没有能形成配合物的金属原子，因此，CSP-3 和 CSP-4 都未对它们表现出识别能力。总的结果表明，聚合物的手性识别能力不仅与所含的基团相关，而且也与聚合物的空间结构有很重要的关系。

表 5.2　聚合物 P-CBM-4（CSP-3）和 P-CBM-4'（CSP-4）

对手性对映体的拆分总汇表[a]

对映体	CSP-3[b]			CSP-4[c]		
	k_1'	k_2'	α	k_1'	k_2'	α
2.	1.41	1.41	1	2.83	2.83	1
5.	4.15（+）	5.46	1.32	0.39	0.39	1
7.	0.71（−）	0.94	1.34	0.17	0.17	1
8.	2.06（−）	2.35	1.14	2.72（−）	2.98	1.09
1.	0.55	0.55	1	0.76	0.76	1

[a]　流速为：0.1 mL/min；色谱柱规格：2.0 mm×250 mm；洗脱剂：正己烷/异丙醇（体积比为
95/5）；括号中的符号显示了第一个洗脱对映体的旋光度。

[b]　涂覆样品为 P-CBM-4。

[c]　涂覆样品为 P-CBM-4'。

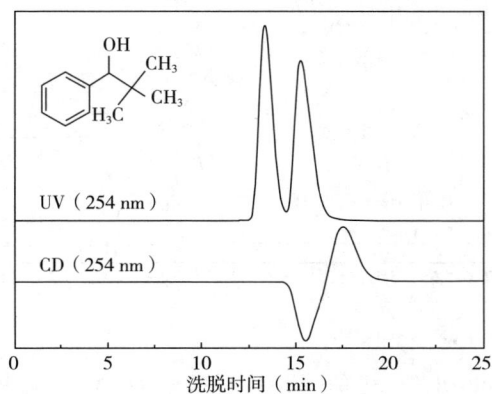

图 5.6　CSP-3 对对映体 7 的手性拆分效果图

5.3.6 聚合物与联萘酚的对映选择作用

通过高效液相色谱法可知，聚合物 P（R-BCBMAM）和 P（R-CB-MAM）都对 BINOL 有一定的手性拆分能力。因此，接着利用 ^{1}H NMR 来考察聚合物对 BINOL 的对应选择作用。如图 5.7（a）所示，BINOL 的羟基氢在非手性环境中只显示一个核磁共振氢信号（$\delta = 5.05$ ppm）。但在加入光学活性的 P-CBM-4 时，其羟基质子信号发生分裂且往低场移动。与单一对映体（R）-BINOL 和（S）-BINOL 作比对试验得知两峰的位置归属［图 5.7（b）］。如图 5.7（c）所示，在加入聚合物 P-CBM-4'时，与加入聚合物 P-CBM-4 相比，BINOL 的羟基信号分裂程度较小且向低场移动距离较短。总的结果与液相色谱拆分相对应，聚合物 P（R-BCBMAM）和 P（R-CBMAM）都可以与联萘酚发生对映选择作用，但聚合物 P（R-BCBMAM）比 P（R-CBMAM）表现出更优的选择效果。

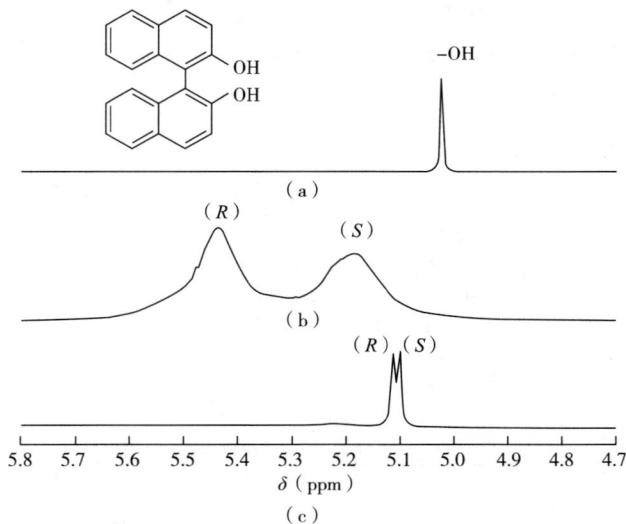

图 5.7 外消旋体 BINOL 的羟基的 ^{1}H NMR 谱图（a）；外消旋体 BINOL 存在聚合物 P-CBM-4（b）和 P-CBM-4'（c）的羟基的 ^{1}H NMR 谱图（CDCl$_3$，25 ℃）

5.4　本章小结

本章通过自由基聚合的方法，首先合成了带有光学活性的 *N*-[（*R*）-*α*-叔丁氧基羰基苄基]甲基丙烯酰胺聚合物 P（*R*-BCBMAM）。研究表明，聚合溶剂和聚合物分子量对所得聚合物 P（*R*-BCBMAM）的光学活性没有明显影响。在三氟乙酸的催化下，P（*R*-BCBMAM）水解为 P（*R*-CBMAM）时，P（*R*-CBMAM）的光学活性与 P（*R*-BCB-MAM）有较大的区别。把这两种聚合物制备成涂敷型高效液相色谱用手性固定相（CSP）时，基于 P（*R*-BCBMAM）的 CSP 表现出较好的手性拆分能力。但它们都对 1,1'-联-2-萘酚（BINOL）显示出手性识别能力，甚至在 ^{1}H-NMR 中，P（*R*-BCBMAM）和 P（*R*-CBMAM）都可以与 BINOL 发生对映选择作用。

第6章 基于光学活性聚合物的阴离子识别

6.1 引言

阴离子与人类生活息息相关，其对生命体的存在具有重要的作用，如其具有血液净化、细胞复活、抵抗力增加和自律神经调整等医疗保健作用。但特定的阴离子在生命体内大量富集也会间接对人类的健康产生负面的影响，如氟离子能够导致生命体骨质疏松等疾病。因此，开发快捷、简单的阴离子传感器是当今的重点研究方向之一。

本章研究了具有光学活性单体 *RR*-PEBM 和 *SS*-PEBM 的可逆加成—断裂链转移聚合（RAFT 聚合）。通过改变链转移剂二硫代苯甲酸枯酯（CDB）的量来对聚合物的性能实现一定的控制。研究发现：CDB 在本次实验中对聚合过程具有非常好的可控性，相同实验条件下，改变 CDB 的量，可获得具有不同分子量和光学活性的聚合物。本实验利用紫外—可见光谱、荧光光谱和圆二色光谱等测试手段考察了聚合物对阴离子的识别，表明此类聚合物对氟离子的识别能力最为显著，最后通过核磁共振氢谱探讨了聚合物对阴离子识别的机理。

6.2 二硫代苯甲酸枯酯（CDB）的合成及表征

6.2.1 CDB 的合成

CDB 合成路线如图 6.1 所示，其合成过程分为两步：第一步为中间产物硫代苯甲酸的合成，在碱性条件下，由苄基氯和硫粉在甲醇溶液中经过 80 ℃ 反应 24 h 后得到中间产物；第二步为产物 CDB 的合成，此反应是以对甲苯磺酸酯为催化剂，中间产物硫代苯甲酸和 1-甲基-苯乙烯在氯仿中反应得到。初产物经过柱色谱纯化，流动相为正己烷。得到紫色油状液体，产率为 10%。

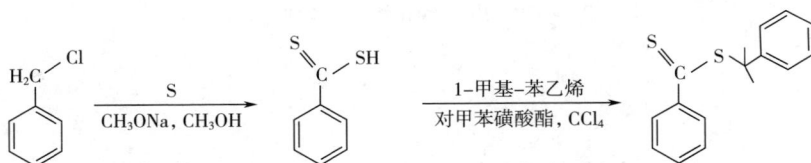

图 6.1 CDB 的合成路线

6.2.2 CDB 的 ^{1}H NMR 表征

图 6.2 是 CDB 的 ^{1}H NMR 谱图，其化学位移归属如下：$\delta = 2.0$ ppm 的谱峰归属为 CDB 甲基 H 的化学位移，$\delta = 7.21 \sim 7.84$ ppm 的谱峰归属为 CDB 苯环 H 的化学位移，$\delta = 7.26$ ppm 的谱峰为溶剂 $CDCl_3$ 的 H 的化学位移，$\delta = 0$ ppm 的谱峰为内标 H 的化学位移。

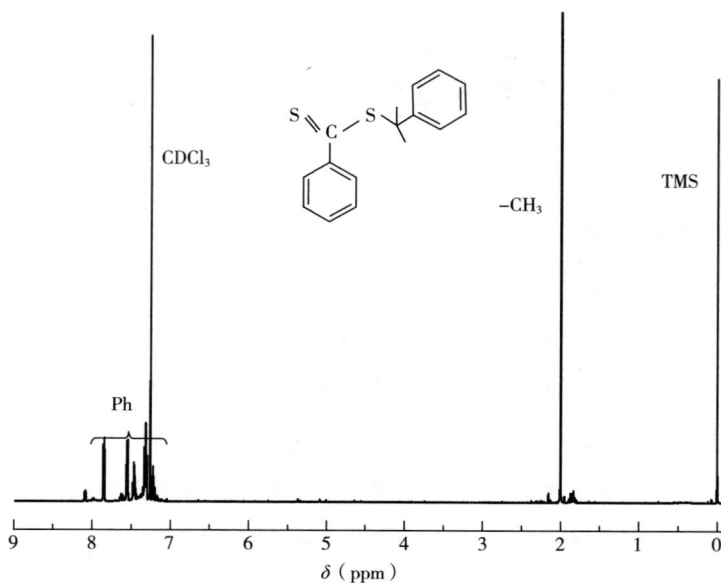

图 6.2　CDB 的 ^1H NMR 谱图（CDCl$_3$，r.t.）

6.3　单体的可逆加成—断裂链转移聚合

在无水无氧条件，分别以 AIBN 为引发剂和 CDB 为链转移剂进行可逆加成—断裂链转移聚合。聚合路线如图 6.3 所示，单体 *SS*-PEBM 在 70 ℃聚合 48 h 后，产物经 THF 溶解，然后用甲醇和乙醚沉淀、离心，反复沉淀 3 次，60 ℃真空干燥后得到一系列具有不同特性的聚合物。

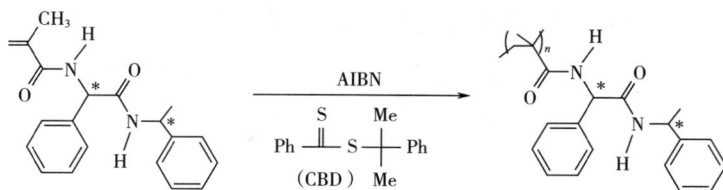

图 6.3　单体 *RR*-PEBM 和 *SS*-PEBM 的 RAFT 聚合

表 6.1 是不同单体浓度聚合结果汇总表，所有样品的引发剂 AIBN
的量都为 0.01 mol/L，链转移剂 CDB 的量都为 0.05 mol/L，聚合温度
为 70 ℃，采用的聚合溶剂为甲苯，只是改变单体 SS-PEBM 的浓度来进
行 RAFT 聚合。当改变单体的浓度时，得到聚合物的分子量和比旋光度
明显不同。另外，聚合物的产率较低，但它们的变化不是很明显。聚合
物的分子量随着单体浓度的增大而增大，图 6.4 是不同聚合物的分子量
曲线图。从图中可知，聚合物从 P4 到 P1 的保留时间逐渐延长，从而
证明聚合物的分子量逐步减小，经过计算可知它们具有较小的分子量分
布（$M_w/M_n = 1.15 \sim 1.23$），这完全符合 RAFT 聚合的特点。从表中可
知，聚合物的比旋光度绝对值随着分子量的增大而增大，这可能的原因
是：聚合物的光学活性是由其主链的二级结构和侧链的手性单元共同作
用的结果，当单体浓度增大时，聚合物主链的二级结构链也随着增多，
从而促进了聚合物比旋光度绝对值增大。总的结果说明，通过 RAFT 聚
合可以成功获得结构和性质不同的光学活性聚合物，并可以对它们的性
质进行较好的控制。

表 6.1　单体 SS-PEBM 进行 RAFT 聚合的结果总汇表

聚合物	SS-PEBM/ CDB/AIBN （摩尔比）	poly（SS-PEBM）				
		产率[a] （%）	M_n[b]	M_w[b]	M_w/M_n[b]	$[\alpha]_{365}^{25}$ [c] （°）
P-SS-1	48/5/1	37	3900	4500	1.15	−108
P-SS-2	72/5/1	31	5800	7000	1.20	−138
P-SS-3	150/5/1	43	12300	14300	1.16	−148
P-SS-4	250/5/1	44	17600	21800	1.23	−155

[a] 不溶于乙醚和水混合溶剂的聚合物。

[b] 在 35 ℃ 的条件下，以 THF 为洗脱剂利用聚苯乙烯标准样测得 GPC 的标准曲线。

[c] 以 THF 为溶剂配置浓度为 1 mg/mL 的聚合物溶液，该溶液置于长度为 1 dm 的样品池中测得
该样品的比旋光度 $[\alpha]_{365}^{25}$，单体的 $[\alpha]_{365}^{25}$ 为 +182°。

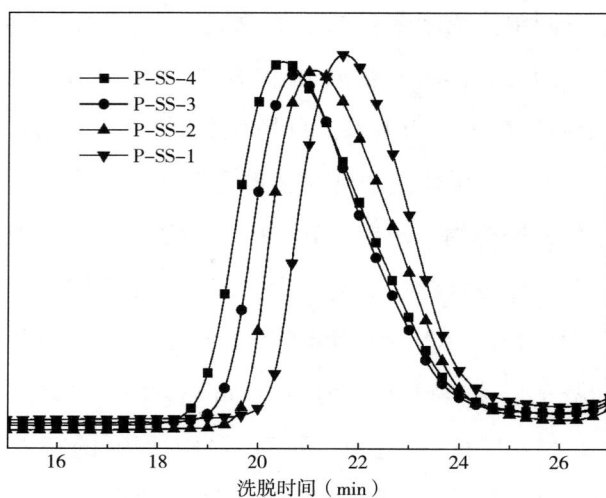

图 6.4　聚合物的 GPC 曲线

另外，为了进一步说明 RAFT 聚合能对聚合物性质实现可控，采用同样的条件对单体 *RR*–PEBM 进行了 RAFT 聚合。结果列于表 6.2。

表 6.2　单体 *RR*–PEBM 进行 RAFT 聚合的结果总汇表

聚合物	*RR*–PEBM/ CDB／AIBN （摩尔比）	poly（*RR*–PEBM）				
		收率[a] （%）	M_n[b]	M_w[b]	M_w/M_n[b]	$[\alpha]_{365}^{25}$ （°）[c]
P–RR–5	150/5/1	46	13300	15100	1.13	135
P–RR–6	250/5/1	39	18600	22000	1.18	142

[a]　不溶于乙醚和水混合溶剂的聚合物。

[b]　在 35 ℃的条件下，以 THF 为洗脱剂利用聚苯乙烯标准样测得 GPC 的标准曲线。

[c]　以 THF 为溶剂配置浓度为 1 mg/mL 的聚合物溶液，该溶液置于长度为 1 dm 的样品池中测得该样品的比旋光度 $[\alpha]_{365}^{25}$，单体的 $[\alpha]_{365}^{25}$ 为–163°。

由表可知，同单体 *SS*–PEBM 聚合相类似，当改变单体 *RR*–PEBM 的摩尔比例时，所得聚合物的性质表现出相应的变化。结果说明，RAFT 聚合对单体 *RR*–PEBM 的聚合物的性能也实现了可控。由于单体 *SS*–PEBM 和 *RR*–PEBM 是一对对映体，因此，本实验测试了它们相对应聚合物的圆二色光谱（图 6.5）。由图得知，聚合物 P-SS-3、P-SS-4、P-RR-5 和 P-RR-6 分别在 230 nm 和 210 nm 处出现相对应的 Cotton 效应，且 P-SS-3、P-SS-4、P-RR-5 和 P-RR-6 完全呈现出两对镜像对称。这表明，由于单体的手性诱导，单体 *SS*-PEBM 和 *RR*-PEBM 在 RAFT 聚合以后获得的聚合物的构象完全呈对称结构。

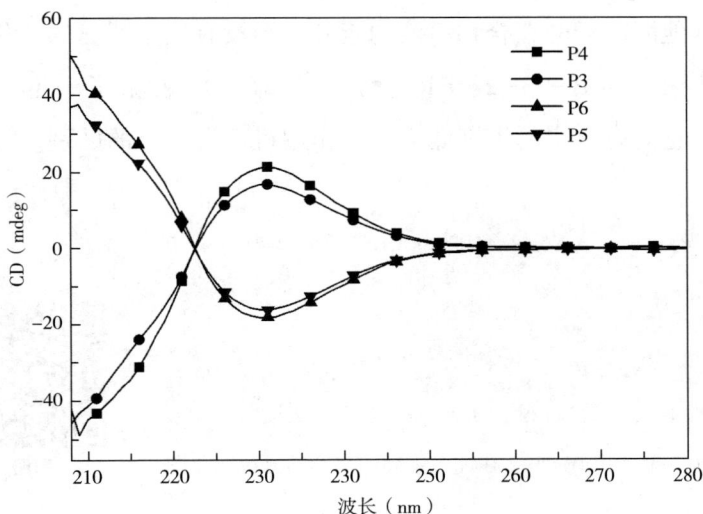

图 6.5　聚合物 P-SS-3、P-SS-4、P-RR-5 和 P-RR-6 的 CD 谱图

6.4　聚合物对阴离子识别性质的研究

6.4.1　紫外—可见光谱研究

　　本实验考察了聚合物 P-SS-2 在 DMSO 溶剂中对阴离子的识别能力。此类实验一般是把含有不同阴离子的正丁基铵盐（TBA$^+$）滴入聚合物溶液中，根据聚合物的颜色和谱图变化来辨别其对阴离子的识别。如图 6.6 所示，加入 F$^-$ 的聚合物 P-SS-2 的 DMSO 溶液变为黄色，但加

入其他阴离子（如 Cl^-、Br^-、HSO_4^-、AcO^-、NO_3^-、$H_2PO_4^-$ 和 N_3^-）时，其溶液的颜色没有本质的变化。伴随聚合物溶液颜色变化的同时，加入 F^- 的聚合物紫外—可见光谱的最大吸收峰发生了红移（$\Delta\lambda_{max} = 87$ nm），且在 445 nm 处出现一个新的特征峰，而在 358 nm 处的特征峰明显减弱（图 6.7）。虽然加入 AcO^- 和 $H_2PO_4^-$ 的聚合物溶液的颜色没有变化，但加入它们的聚合物紫外最大吸收峰的强度发生了一定的减弱（图 6.8），而加入其他阴离子的聚合物溶液的紫外谱图没有发生明显的变化。这些结果说明聚合物 P-SS-2 与 F^-、AcO^- 和 $H_2PO_4^-$ 发生了一定的相互关系，即对它们有一定的识别能力，但作用机理有一定的区别。

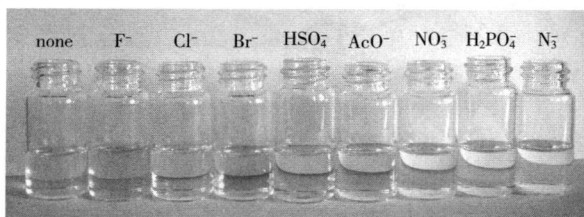

图 6.6　聚合物 P-SS-2 在加入不同阴离子的颜色变化图

图 6.7 是聚合物 P-SS-2 在 DMSO 溶液中逐步增加 F^- 的 UV-vis 光谱滴定实验。从图中得知，当没有 TBAF 的存在时，P-SS-2 的 UV-vis 光谱仅仅在 358 nm 处出现一个特征峰，当加入 TBAF 的摩尔量相当于聚合物的 0~2 当量时，聚合物溶液的颜色基本无明显变化，但聚合物在 358 nm 处的峰逐渐减弱，在 445 nm 处出现一个新的特征峰且逐渐增强，而且谱图在变化的过程中在 390 nm 处出现等吸光点。而继续加入 TBAF 的过程中聚合物的颜色也发生了一定的改变，在加入 TBAF 的摩尔量相当于聚合物的 4 当量时，UV-vis 光谱中 445 nm 处的峰达到极限值，而聚合物的颜色也变为深黄色。结果说明在加入 4 当量的 TBAF 后聚合物的 UV-vis 光谱在 445 nm 处的峰出现最大值，而加入 2 当量的 TBAF 却不是最大值。这样的结果可能的原因是：最初在聚合物溶液中

加入 2 当量的 TBAF 时，其中的 F⁻ 只是与聚合物的酰胺氢形成氢键作用（形成 2 : 1 的复合物）。当进一步再加入 2 当量的 TBAF 时，过量的 F⁻ 就会夺取酰胺氢，从而使酰胺基去质子化形成酰胺负离子。总的结果说明，聚合物在加入 TBAF 形成的紫外—可见光谱峰的红移是由它们之间形成氢键和去质子化过程共同作用导致的。

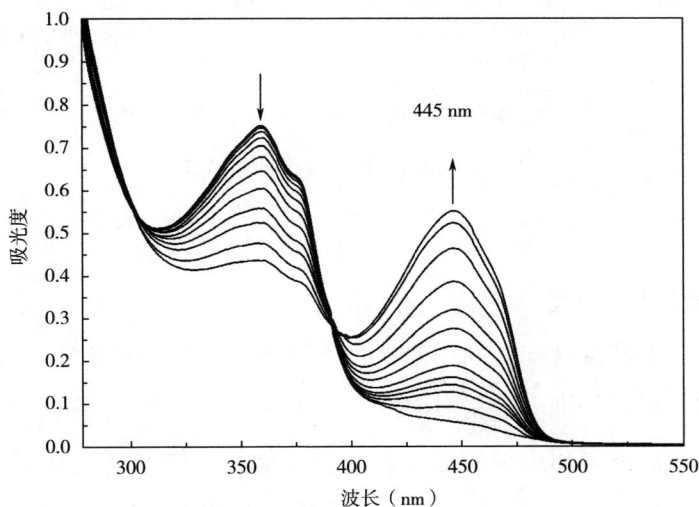

图 6.7　聚合物 P-SS-2 加入 F⁻ 的 UV-vis 光谱滴定图（0~4 当量）

　　由于聚合物对 $H_2PO_4^-$ 和 AcO^- 也有较微弱的识别能力，因此，本章也考察了聚合物 P-SS-2 在 DMSO 中逐步加入 $H_2PO_4^-$ 和 AcO^- 的紫外—可见光谱滴定实验（图 6.8）。从图可知，当逐步加入 $H_2PO_4^-$ 和 AcO^- 时，聚合物的紫外光谱发生一定的变化，即其在 358 nm 处的吸收峰随着阴离子摩尔量的增加而发生一定的减弱，但其最大吸收峰位置没有发生变化。这些结果表明，与 F⁻ 相比，$H_2PO_4^-$ 和 AcO^- 只是与聚合物的酰胺氢形成氢键，没有发生去质子化过程，从而导致紫外吸收峰只是稍微减弱。

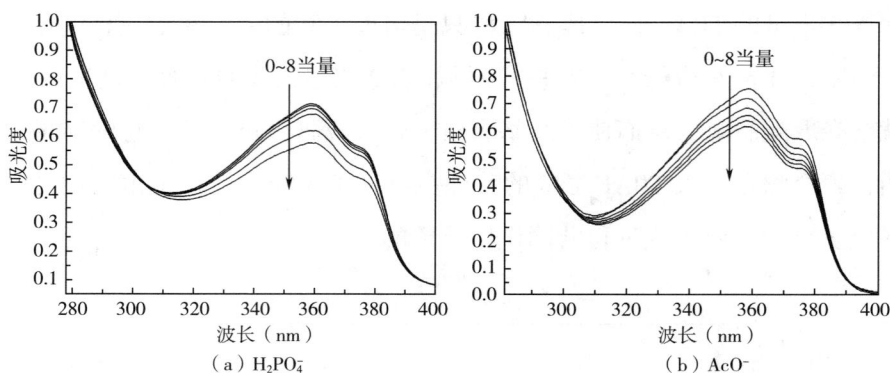

图 6.8 聚合物 P-SS-2 加入 $H_2PO_4^-$ 和 AcO^- 的

UV-vis 光谱滴定图（0~4 当量）

6.4.2 荧光光谱研究

通过以上实验得知，利用聚合物溶液颜色的变化和紫外—可见光谱图谱的改变可以辨别聚合物对阴离子的识别。接下来，通过荧光光谱来考察聚合物对不同阴离子的选择性和识别能力。图 6.9 是在聚合物 P-SS-2 溶液中加入 100 当量不同阴离子后相对荧光强度（I/I_0）的柱状图。从图中得知，与 UV-vis 光谱相类似，F^-、AcO^- 和 $H_2PO_4^-$ 的加入使聚合物荧光发生一定的改变，在加入 AcO^- 和 $H_2PO_4^-$ 时，聚合物的荧光强度稍微减小，即荧光发生一定的淬灭，但 F^- 的加入使聚合物的荧光强度提高到原来的 6 倍左右。这表明聚合物 P-SS-2 与 F^- 发生强有力的作用，即可以作为 F^- 的荧光传感器。图 6.10 是聚合物分子与荧光强度对比图。由图得知，在单体分子中加入 100 当量的 F^- 时，其强度只增大了 1.5，而聚合物 P1 可以达到 3，且荧光增大倍数随着聚合物分子量的增大而增大。这说明高分子量的聚合物对 F^- 有更优的识别能力。

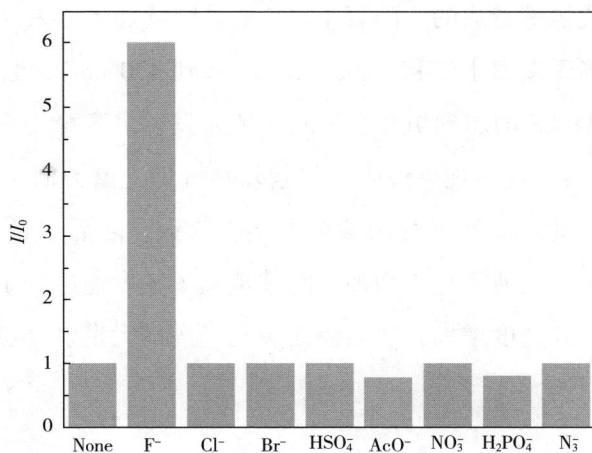

图 6.9　聚合物 P–SS–2 的 DMSO 溶液在加入不同阴离子（100 当量）的荧光对比图

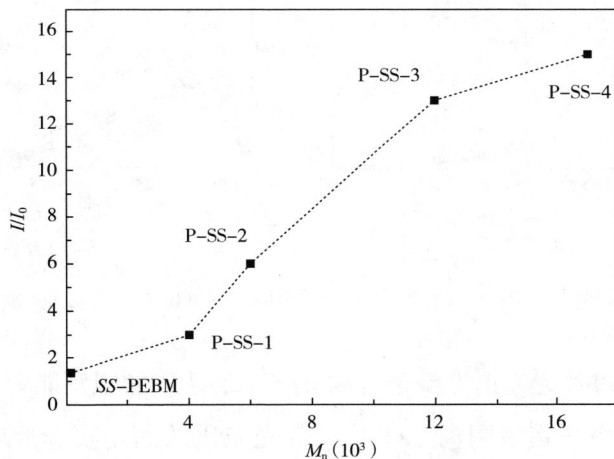

图 6.10　单体和聚合物分子量与其荧光强度（I/I_0）对比图（100 当量）

　　图 6.11 是聚合物 P–SS–2 在 DMSO 溶液中逐步增加 F$^-$ 的荧光光谱滴定图。当采用 378 nm 的激发峰时，不加任何阴离子的聚合物的荧光光谱分别在 407 nm 和 430 nm 出现发射峰。当加入相当于聚合物量 0~2 当量的 TBAF 时，聚合物的荧光光谱峰位移没有发生变化但其强度发生了一定的淬灭 ［图 6.11（a）］，此现象可能是由于 F$^-$ 与聚合物侧链的

酰胺质子形成氢键造成的。随着 TBAF 的量继续加入，聚合物荧光光谱的最大发射峰逐渐发生红移（从 405 nm 移到 430 nm），且发射峰明显增大，而当 TBAF 增加到 100 当量时，荧光发射最高峰还有增加的趋势 [图 6.11（b）]。这些现象说明，与紫外—可见光谱类似，开始时 F⁻ 与聚合物形成氢键而促使聚合物的荧光发生淬灭，之后过量 F⁻ 的加入使聚合物的酰胺基去质子化，增加的酰胺负离子密度通过分子内电荷转移使苯环的电子云密度增加，从而促使荧光光谱最大发射峰位置发生红移且其强度逐渐增大。

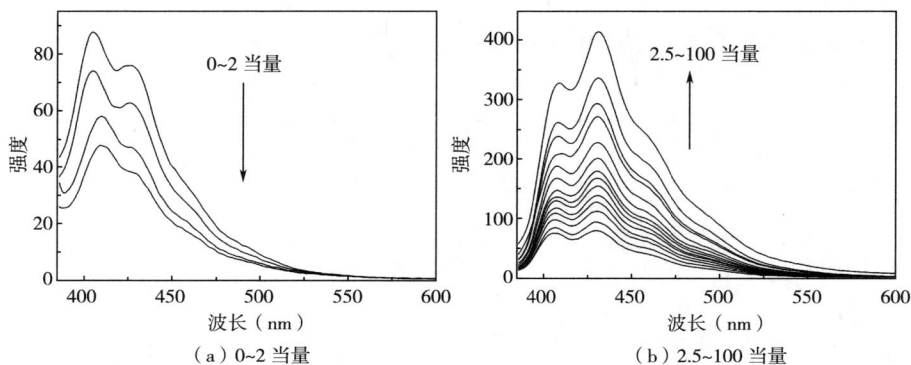

（a）0~2 当量　　　　　　　　（b）2.5~100 当量

图 6.11　聚合物 P-SS-2 在加入 0~2 当量和 2.5~100 当量 F⁻ 的荧光滴定谱图

除了通过荧光光谱考察聚合物 P-SS-2 对 F⁻ 的识别能力外，同时也考察了聚合物在其他阴离子体系中荧光光谱的滴定实验。当逐步加入 $H_2PO_4^-$ 和 AcO⁻ 时，聚合物 P-SS-2 的荧光光谱发射峰发生明显的变化，即其在 403 nm 处的发射峰随着阴离子浓度的增加而发生一定的淬灭（图 6.12）。这些结果表明，与加入 0~2 当量的 F⁻ 相类似，$H_2PO_4^-$ 和 AcO⁻ 与聚合物通过氢键形成复合物，但它们的碱性弱于 F⁻，而不会使聚合物的酰胺基去质子化。另外，在加入其他阴离子（NO_3^-、Cl⁻、Br⁻ 和 HSO_4^- 等）的正丁基铵盐时，聚合物的荧光光谱基本没发生变化。总的来说，从显色和光谱角度，此类聚合物可以对含有 F⁻ 的化合物进行有效的识别，其利用分子内电子转移的方式可作为 F⁻ 的敏感器件。

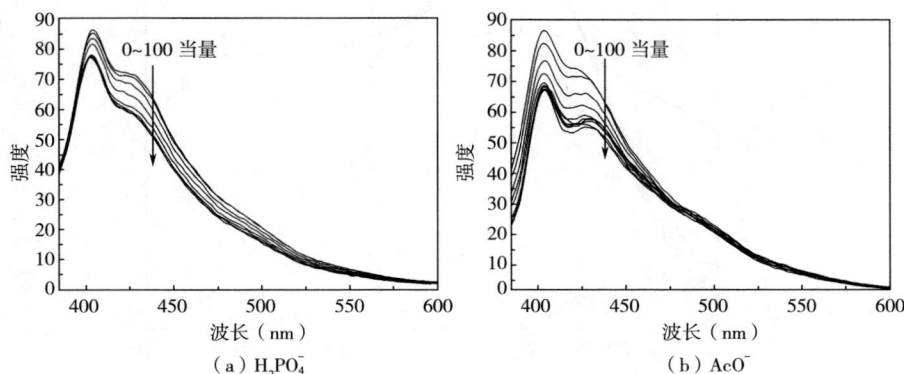

（a）$H_2PO_4^-$　　　　　　　（b）AcO^-

图 6.12　聚合物 P-SS-2 在加入 0~100 当量 $H_2PO_4^-$ 和 AcO^- 的荧光滴定谱图

6.4.3　圆二色光谱研究

　　由于此类聚合物具有一定的光学活性，因此从圆二色光谱的角度考察了聚合物对阴离子的识别能力（图 6.13）。从图得知，聚合物 P-SS-2 分别在 230 nm 和 210 nm 显示了正和负的 Cotton 效应。与单体相比，聚合物主链明显显示了一定的螺旋结构，初步推断的原因是，在聚合过程中，处于支链的手性单元通过氢键的形式有效控制了聚合物主链的手性方向。所以，加入能与质子形成氢键的阴离子可考察聚合物螺旋结构的稳定性。

　　图 6.13 是聚合物在加入不同阴离子的四丁基铵盐的圆二色光谱。从图可知，与聚合物 P-SS-2 的圆二色光谱相比，在加入 4 当量的 TBAF 以后，聚合物在 230 nm 和 210 nm 处的 Cotton 效应大幅度减弱。在加入其他阴离子（如 Cl^-、Br^-、HSO_4^-、AcO^-、NO_3^-、$H_2PO_4^-$）时，则聚合物的圆二色光谱没有明显的变化。说明 F⁻ 的加入完全破坏了聚合物内的氢键，从而影响了它们主链的构象。

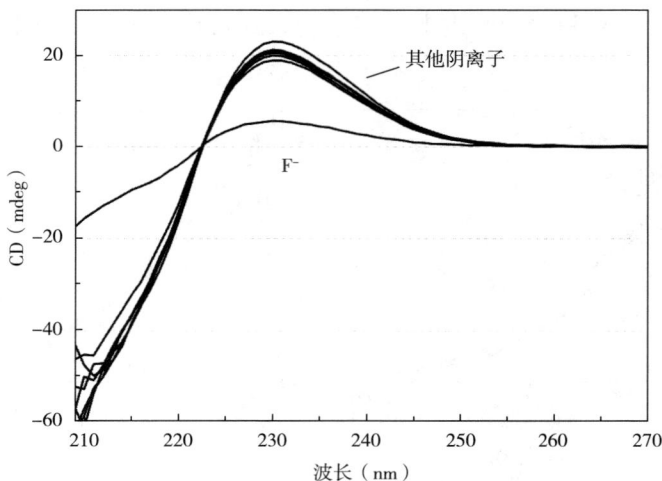

图 6.13　聚合物 P-SS-2 在加入不同阴离子

（F⁻、Cl⁻、Br⁻、HSO₄⁻、AcO⁻、NO₃⁻和 H₂PO₄⁻）的 CD 谱图

　　图 6.14 是聚合物在 DMSO 中逐步加入 F⁻的圆二色光谱滴定实验。从图中可知，在逐步加入 TBAF 的过程中，聚合物的正负 Cotton 效应都在相应减小，加入 TBAF 的摩尔量相当于聚合物的 0~2 当量时，聚合物的正负 Cotton 效应变化尤为明显，在进一步加入 TBAF 的摩尔量相当于聚合物的 2 当量时，聚合物的正负 Cotton 效应变化达到其极限值。TBAF 的摩尔量大于聚合物的 4 当量时，聚合物的 Cotton 效应基本无明显变化。结果说明：只要在聚合物溶液中加入 F⁻，聚合物的圆二色性就会减弱。因此聚合物通过圆二色光谱对 F⁻检测有更高的灵敏度，即只要有 F⁻的存在，不管其与聚合物是形成氢键还是对聚合物去质子化，聚合物都有明显的特征变化。这为我们检测含有 F⁻的化合物提供了又一个简单而高效的手段。

6.4.4　核磁共振波谱研究

　　由于聚合物中拥有酰胺质子，因此 F⁻、AcO⁻和 H₂PO₄⁻能与聚合物

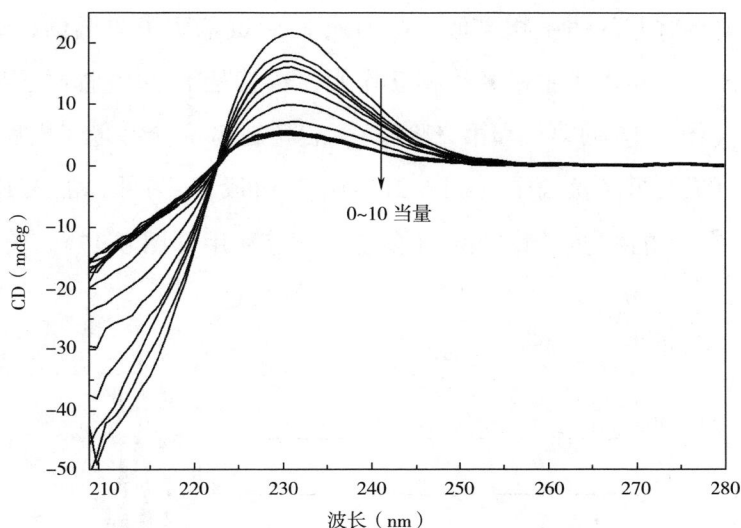

图 6.14　聚合物 P-SS-2 溶液中逐步加入 0~10 当量 F⁻的 CD 谱图

的酰胺质子作用，从而使聚合物的紫外—可见光谱、荧光光谱和圆二色光谱发生一定的变化。为了验证这个假设，采取^{1}H NMR 实验来探讨聚合物对阴离子识别的机理。由于聚合物不易溶解和在^{1}H NMR 中分辨率较低，采用聚合物 P3 相对应的单体 *SS*-PEBM 作为模板分子进行^{1}H NMR 实验来加以验证。图 6.15 是单体和加入不同阴离子（Br⁻、$H_2PO_4^-$、AcO⁻、F⁻和 OH⁻）的^{1}H NMR 谱图。从图中可知，与单体的谱图相比，当加入 10 当量的 $H_2PO_4^-$ 和 AcO⁻时，酰胺质子峰分别向低场移动。这与光谱测量结果相同，这个过程中没有发生酰胺去质子化，只是与它们形成氢键作用；相反，在加入过量的 F⁻时，酰胺质子完全消失。为了验证是 F⁻与酰胺发生去质子化的过程，继续考察了在单体溶液中加入 OH⁻的结果，结果是酰胺质子峰完全消失。而加入 Br⁻时，单体的化学位移无任何明显的变化。这充分说明：$H_2PO_4^-$ 和 AcO⁻可与单体形成主—客体相互作用，使酰胺质子向低场移动，而 F⁻和 OH⁻可使单体的酰胺质子发生去质子化，其峰在谱图上完全消失。其原因可能为：与含有脲基的体系相类似，在加入 F⁻ 后氨基质子向低场移动或完全消失。前者是由于主—客体相互作用，也就是 F⁻ 和酰胺质子形成氢键作用（图6.16的第一和第二阶段）；后者是 F⁻ 完全夺取了酰胺质子，从而使其成为酰胺负离子（图6.16的第三阶段）。另外，加入 $H_2PO_4^-$ 和 AcO⁻ 时，单体与它们只发生了氢键的相互作用（图6.17）。

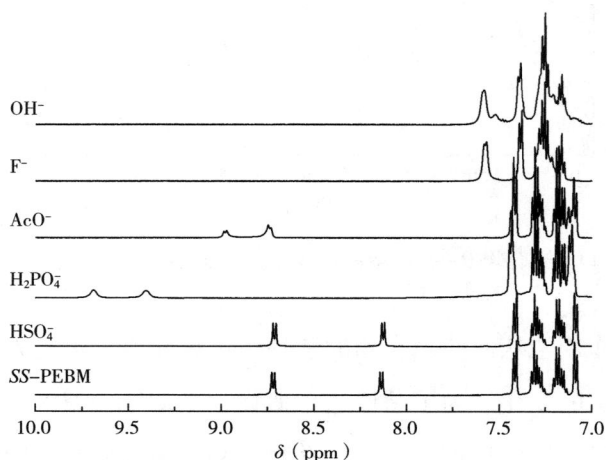

图6.15　单体 SS–PEBM 在加入不同阴离子的 ¹H NMR 谱图（DMSO-d_6，10 当量）

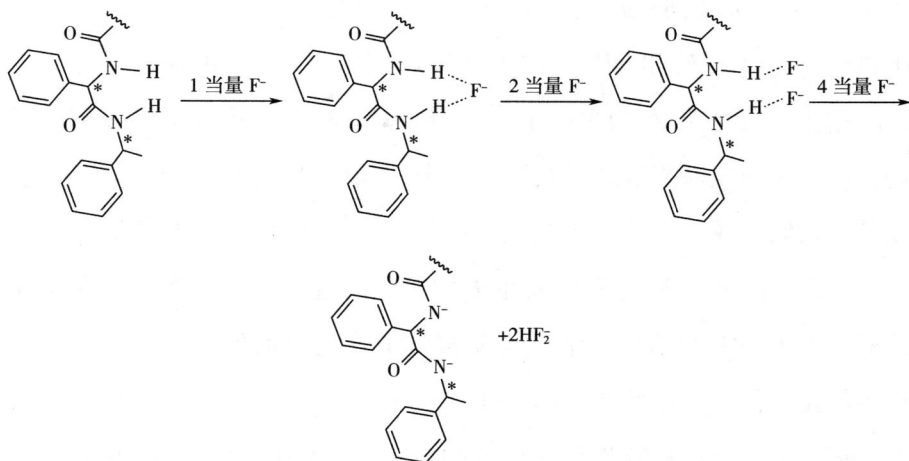

图6.16　聚合物与 F⁻ 形成氢键和去质子化过程

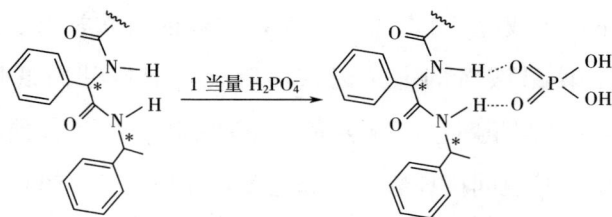

图 6.17　聚合物与 $H_2PO_4^-$ 形成氢键过程

　　为了验证以上单体和 F^- 的模拟作用，本实验进行了单体在氘带 DMSO 中逐步增加 F^- 的 ^1H NMR 滴定实验（图 6.18）。从图中得知，^1H NMR 滴定实验发现两个明显的区域，即加入 F^- 的量相当于单体 0~2 当量和 2~10 当量。当没有 TBAF 存在时，单体的酰胺质子和苯环出峰位置分别在 8.7 ppm、8.1 ppm 和 7.4 ppm（图中峰 a、b 和 c），当逐步加入 TBAF（0~2 当量），图中峰 a 和 b 的峰则向低场移动，且峰形变宽和峰强度变弱。然而当 TBAF 的浓度大于 2 当量时，单体中的酰胺质子峰完全消失，且苯环氢在 2.5 当量时已达到它向低场移动的极限值，即它的位移不随 TBAF 加入量的增加而变化。这些结果表明，在单体中加

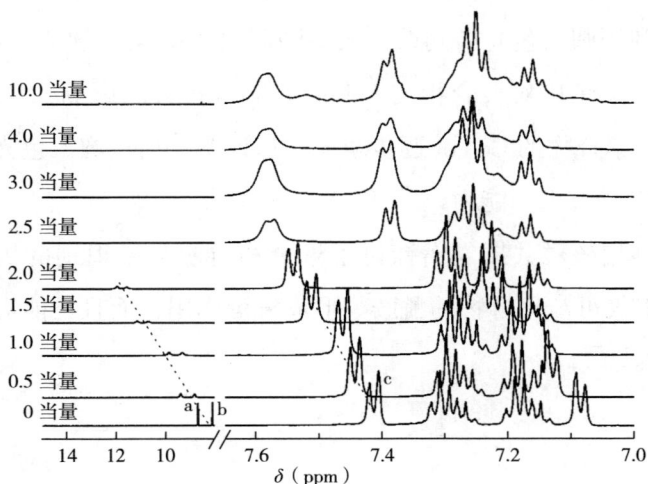

图 6.18　单体 SS-PEBM 在加入不同量的 F^- 的 ^1H NMR 谱图（DMSO-d_6）

入 TBAF 的量小于或等于 2 当量时，F⁻ 和单体的酰胺氢以氢键的方式发生相互作用，使酰胺氢的电子云密度降低，促使其向低场移动；而 TBAF 的量大于 2 当量时，F⁻ 就会完全夺取酰胺基的氢，使酰胺基转变为酰胺负离子，其也间接地影响了邻近苯环的电子云密度，使其峰形发生一定的变化。

6.5 本章小结

（1）以 AIBN 为引发剂，以 CDB 为链转移剂，在甲苯中对单体 *SS*-PEBM 和 *RR*-PEBM 进行了可逆加成—断裂链转移聚合，并成功获得了分子量和光学活性不同的均聚物。研究表明，RAFT 聚合可以实现单体浓度对聚合物分子量和光学活性实现较好的控制。

（2）利用紫外—可见光谱和荧光光谱测试了聚合物对加入含有不同阴离子的正丁基铵盐的识别能力。研究表明，与其他阴离子相比，聚合物对 AcO⁻ 和 H₂PO₄⁻ 有微弱的识别能力，对 F⁻ 的识别能力最强。

（3）利用圆二色光谱测试加入不同阴离子的聚合物的 Cotton 效应。研究表明，只有 F⁻ 对聚合物的 Cotton 效应有较大的影响，且随着 F⁻ 浓度的增加，聚合物的 Cotton 逐步减弱。这证明了通过圆二色光谱，该聚合物只对 F⁻ 具有识别能力。

（4）利用核磁共振氢谱探讨了聚合物对阴离子识别的机理。研究表明，F⁻ 不仅可与聚合物的酰胺氢形成氢键作用，而且还能对其产生去质子化过程。

第7章 不同比例手性苯丙氨酸与苯交联材料的制备及拆分性能研究

7.1 不同比例苯丙氨酸与苯交联材料的合成及表征

7.1.1 不同比例苯丙氨酸与苯交联材料的合成

通过 Friedel–Crafts 烷基化反应，调控手性添加剂 L–苯丙氨酸与非手性共交联物苯的摩尔比例，合成了 5 种摩尔比为 100%（HCP–CM1M1–1）、75%（HCP–CM1M1–2）、50%（HCP–CM1M1–3）、25%（HCP–CM1M1–4）、0（HCP–CM1M1–5）的高产量超交联多孔聚合物，其合成条件如表 7.1 所示。

表 7.1　Friedel–Crafts 烷基化反应合成 HCP–CM1M1 的反应条件[a]

样品	L–phe （mmol）	苯 （mmol）	FDA/FeCl$_3$ （mmol）	产量 （g）	MPV[b] （cm^3/g）	PV[c] （cm^3/g）	s$_{BET}$[d] （m^2/g）
HCP–CM1M1–1	20	0	40	0.92	0.021	0.112	54
HCP–CM1M1–2	15	5	45	0.65	0.039	0.176	98
HCP–CM1M1–3	10	10	50	0.90	0.186	0.320	393
HCP–CM1M1–4	5	15	55	1.49	0.205	0.614	664
HCP–CM1M1–5	0	20	60	2.98	0.311	1.554	1101

[a] 反应条件如 2.5 部分所示。

[b] 在 77.3K 根据 t–Plot 方程计算的微孔体积。

[c] 在 $P/P_0 = 0.998$ 和 77.3K 时，根据氮气等温线计算孔体积。

[d] 使用 BET 方程在 77.3K 下根据氮气吸附等温线计算比表面积。

7.1.2 不同比例苯丙氨酸与苯交联材料的表征

为了能够更好地了解合成材料的化学与物理结构特征，利用固体^{13}C NMR、SEM、FTIR、TGA、BET 比表面积测试仪、XPS 对样品 HCP-CM1M1-1~HCP-CM1M1-5 进行了表征。

7.1.2.1 固体^{13}C NMR 分析

利用固体^{13}C NMR 光谱对材料中的碳元素进行分析，推测材料的分子结构。5 种不同比例 L-苯丙氨酸与苯交联合成的材料的固体^{13}C NMR 光谱如图 7.1 所示。其中出现在接近 130 ppm 和 120 ppm 的共振峰可以归属于苯环上取代的芳香碳和未取代的芳香碳，而出现在 36 ppm 附近的共振峰可以归属于参与 Friedel-Crafts 烷基化反应的交联剂 FDA 与苯环连接的亚甲基上的碳（根据不同官能团的性质和针织程度，不同样品的共振峰值略有差异）。此外，分别出现在 50 ppm 和 170 ppm 的共振峰，可以归属于在 L-苯丙氨酸中分别与 NH_2 和 C ＝O 相连的碳。这两个峰随着 L-苯丙氨酸的含量从 HCP-CM1M1-1 到 HCP-CM1M1-4 的

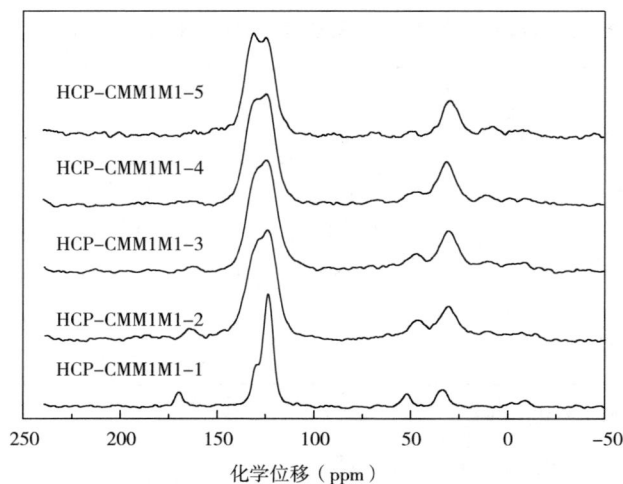

图 7.1 L-苯丙氨酸与苯交联材料固体^{13}C NMR 图谱

降低而降低，直到样品 HCP-CM1M1-5 不再明显出现这两个峰，这在一定程度上说明了不同含量 L-苯丙氨酸的样品制备成功。

7.1.2.2　FTIR 分析

通过对样品进行 FTIR 光谱分析，我们可以确定材料中的官能团，从而推测材料的分子结构。通过使用溴化钾（KBr）压片进行图谱扫描，5 种不同比例 L-苯丙氨酸与苯交联合成的材料的 FTIR 光谱如图 7.2 所示。

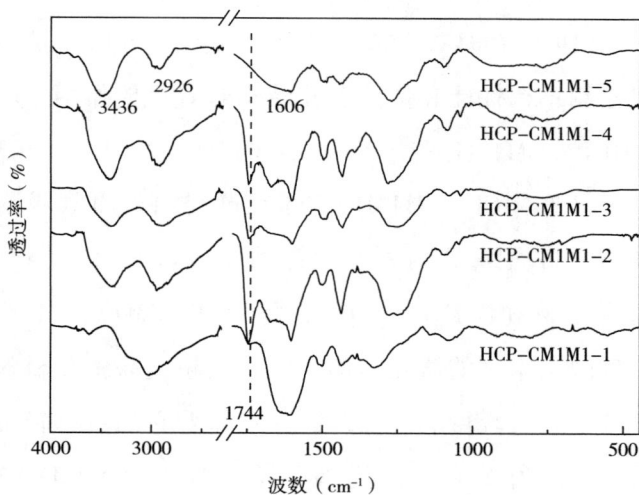

图 7.2　L-苯丙氨酸与苯交联材料 FTIR 图谱

其中，HCP-CM1M1-2、HCP-CM1M1-3、HCP-CM1M1-4 这 3 种材料有着相似的红外图谱，在 1600 cm^{-1}、1500 cm^{-1} 和 1450 cm^{-1}（芳香环的骨架振动），2900 cm^{-1}（—CH$_2$—的伸缩振动），3300 cm^{-1}（O—H 和 N—H 的伸缩振动）都有峰。虽然基团 N—H 存在于 L-苯丙氨酸而不存在于苯中，但由于 3300 cm^{-1} 附近的峰还可能归属于 O—H 的伸缩振动，故不能用于区分两种物质。而 C ═O 伸缩振动出现在 1744 cm^{-1} 附近的峰存在于 HCP-CM1M1-1、HCP-CM1M1-2、HCP-CM1M1-3、

HCP-CM1M1-4 这 4 种样品中，但不存在于样品 HCP-CM1M1-5 中，这可用于验证 L-苯丙氨酸与苯的成功结合。综合这些红外分析数据，我们可以确定目标产物被成功合成。

7.1.2.3 比表面积及孔分布分析

77.3 K 温度下，对 5 种不同比例 L-苯丙氨酸与苯交联合成的材料进行氮气吸附和脱附等温线分析得到对应的 BET 比表面积及孔分布情况，结果如表 7.1 所示。我们可以明显地看出，随着苯含量的增加，超交联多孔材料的 BET 比表面积从 54 m^2/g（HCP-CM1M1-1）逐渐增大到 1101 m^2/g（HCP-CM1M1-5）。这说明在此系列超交联多孔材料中苯的含量对控制结构性能和保持多孔结构起着重要作用。图 7.3 描述了典型的 HCP-CM1M1-1、HCP-CM1M1-2、HCP-CM1M1-3、HCP-CM1M1-4 和 HCP-CM1M1-5 超交联材料的氮气吸附—脱附等温线，表现为"Ⅳ型"等温线和迟滞回线。如图 7.3（a）所示，在较低的相对压力下（$P/P_0 < 0.001$），除 HCP-CM1M1-1 外，吸氮量迅速增加，反映出丰富的微孔结构。此系列超交联多孔材料的氮吸附和脱附等温线中具有轻微的迟滞环，这意味着它们具有轻微的介孔结构。可以看出，随着苯含量的增加，样品 HCP-CM1M1-2 到 HCP-CM1M1-5 的微孔和介孔含量逐渐增加。此外，样品 HCP-CM1M1-5 中高压区急剧上升（$P/P_0 = 1$），说明材料中存在大孔隙。如图 7.3（b）所示，孔隙大小分布也证实了材料中存在微孔和介孔。这些结果表明，此系列超交联多孔材料的形态和孔结构可能受到苯存在与否的影响。

随着样品从 HCP-CM1M1-1 到 HCP-CM1M1-5，苯的摩尔比从 0 增加到 100%，BET 比表面积从 54 m^2/g 增加到 1101 m^2/g，MPV 从 0.021 m^3/g 增加到 0.311 m^3/g。如图 7.4（a）和图 7.4（b）所示，BET 比表面积和 MPV 与样品中苯所占摩尔比呈线性相关，相关系数

（R^2）分别为 0.9198 和 0.9206。结果表明，该合成路线能准确地控制材料中苯的含量，说明超交联多孔材料易于合成且单体含量能得到有效控制。

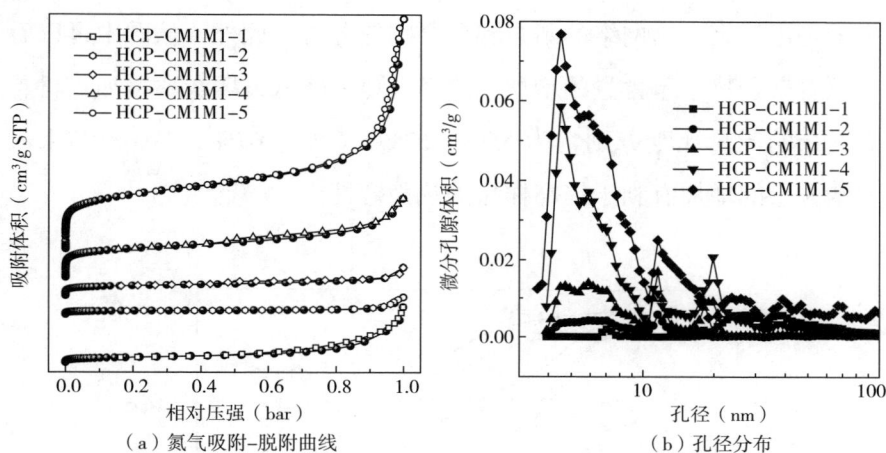

（a）氮气吸附–脱附曲线　　　　　　（b）孔径分布

图 7.3　L–苯丙氨酸与苯交联材料比表面积及孔分布分析

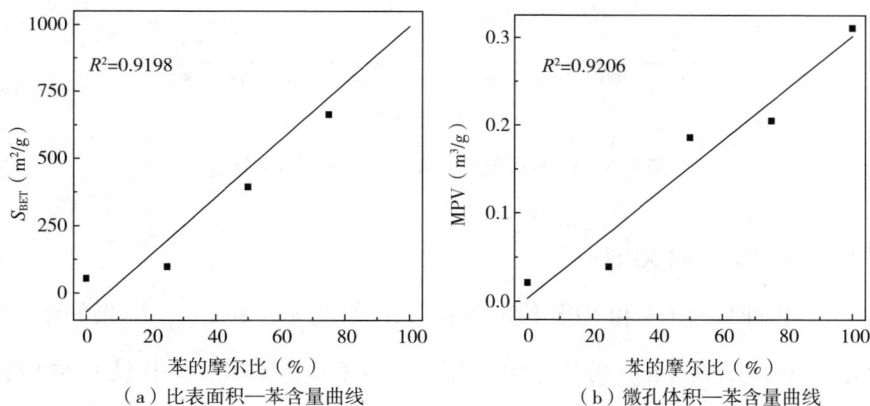

（a）比表面积—苯含量曲线　　　　　　（b）微孔体积—苯含量曲线

图 7.4　L–苯丙氨酸与苯交联材料比表面积及微孔体积与苯所占摩尔比的线性关系分析

7.1.2.4　热失重分析

5 种不同比例 L–苯丙氨酸与苯交联合成的材料的热学性能是通过

热失重分析得到的，结果如图 7.5 所示。样品 HCP-CM1M1-1 到 HCP-CM1M1-5 的 TGA 曲线主要反映了 3 种分解阶段。第一阶段，在 50～100 ℃之间的失重可能是由于被吸附的水的脱附。第二阶段，在 100～200 ℃之间的失重是由于低聚物的分解。第三阶段，在 200～600 ℃之间的失重是由于聚合物网络的断裂和聚合物热分解。此外，从图中可以看出，随着聚合物中苯含量的增加，热降解速率降低，残炭率增加。材料最后剩余的质量比重分别约为 55%、62%、64%、67%、73%。结果表明，苯含量的增加有利于提高样品的热稳定性。

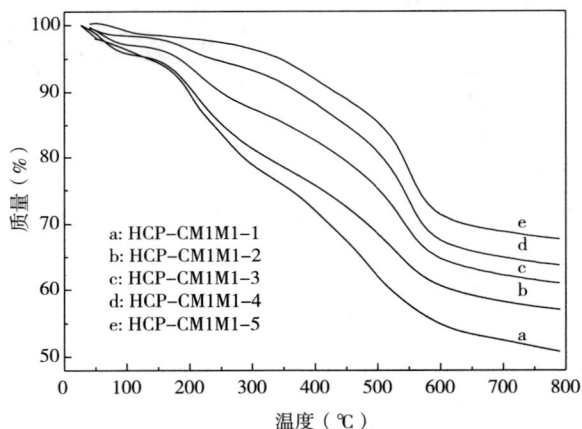

图 7.5　L-苯丙氨酸与苯交联材料 TGA 分析

7.1.2.5　EDS 和 XPS

使用 SEM-EDS 和 XPS 检测样品中残留的 Fe^{3+} 和 Cl^-，结果如图 7.6 所示。从图 7.6（a）可以看出，样品 HCP-CM1M1-4 中只有少量的 Fe^{3+}（0.02%At）和 Cl^-（0.39%At）残留。图 7.6（b）也表现出了类似的结果，即 HCP-CM1M1-4 样品中无 Fe^{3+} 被检测出且 Cl^- 含量很低。这说明虽然在反应过程中加入了大量的催化剂 $FeCl_3$，但是通过甲醇抽滤以及索氏提取提纯后基本可以去除材料中所有的残余催化剂。

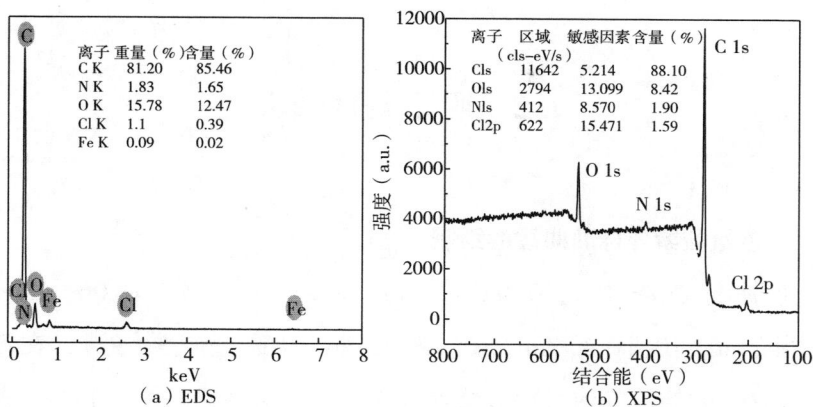

图 7.6　样品 HCP-CM1M1-4 的 EDS 和 XPS 分析

7.1.2.6　扫描电镜分析

如图 7.7 所示，拍照图片显示 5 种不同比例 L-苯丙氨酸与苯交联合成的材料均为深褐色粉末，SEM 显微照片显示了样品 HCP-CM1M1-1 到 HCP-CM1M1-5 均由无定型网络结构形成。可以看出，以丰富的苯为原料合成的样品 HCP-CM1M1-4 和 HCP-CM1M1-5 有少量规则的块状物，而以丰富的 L-苯丙氨酸为原料合成的样品 HCP-CM1M1-1、HCP-CM1M1-2 以及 HCP-CM1M1-3 则没有。这一结果表明，也许可以通过调节反应条件来调节产物的形貌。

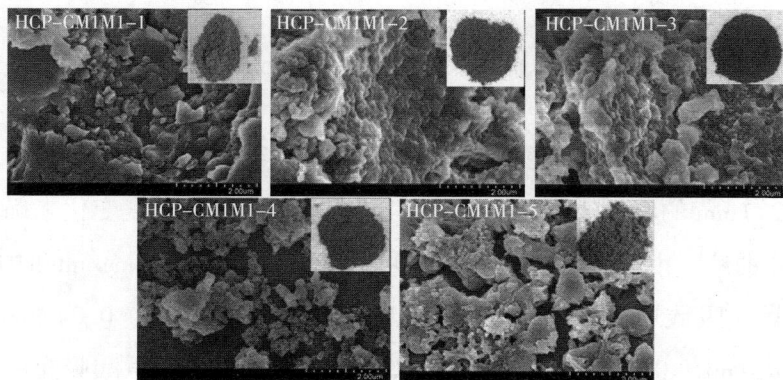

图 7.7　L-苯丙氨酸与苯交联材料 SEM 分析

7.2 吸附条件选择

7.2.1 色氨酸紫外标准曲线的绘制

分别配制浓度为 0.02 mg/mL、0.04 mg/mL、0.06 mg/mL、0.08 mg/mL、0.10 mg/mL、0.12 mg/mL 的 L-色氨酸溶液，在波长 240~340 nm 的范围内，通过紫外分光光谱仪对其进行波长扫描，得到 L-色氨酸溶液的紫外吸收光谱图。结果如图 7.8 所示。

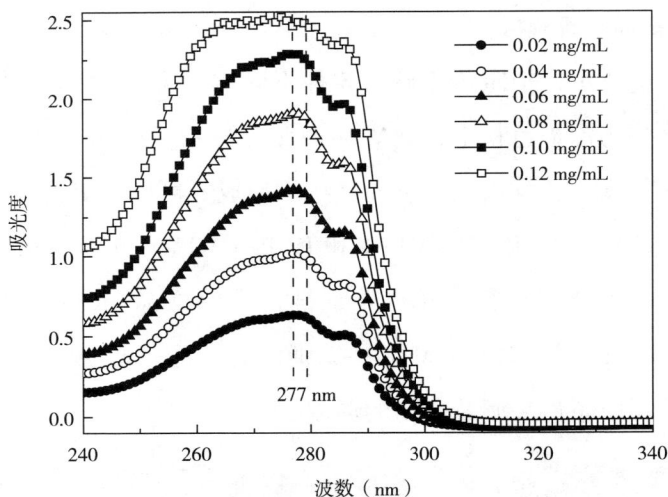

图 7.8 不同浓度 L-色氨酸的紫外吸收光谱图

由图 7.8 可知，L-色氨酸在水溶液中有多个特征吸收峰，选取波长为 277 nm 的峰，通过考察 L-色氨酸在水溶液中吸光度变化来确定标准工作曲线。由于从图 7.8 中可以明显看出浓度为 0.12 mg/mL 时 L-色氨酸紫外吸收峰出现了形变，所以选取 0.02 mg/mL、0.04 mg/mL、0.06 mg/mL、0.08 mg/mL 以及 0.10 mg/mL 时的 L-色氨酸吸光度，得出吸光度—浓度的线性曲线，其结果如图 7.9 所示。

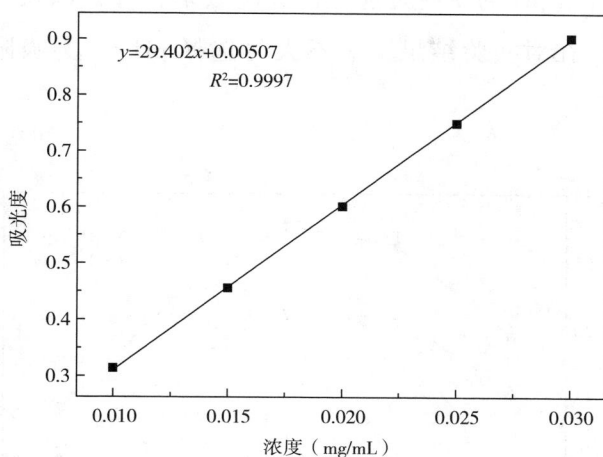

图 7.9　L-色氨酸的标准工作曲线

7.2.2　pH 对 HCP-CM1M1-4 吸附色氨酸的影响

pH 是影响多孔材料 HCP-CM1M1-4 对色氨酸吸附能力的因素之一。溶液 pH 的改变会导致色氨酸与 HCP-CM1M1-4 表面电荷分布的变化，从而可能使吸附过程中的动力学平衡和 HCP-CM1M1-4 的吸附性能发生变化。将 4 mg HCP-CM1M1-4 多孔材料吸附剂分别加入 2 mL 的 D-色氨酸或 L-色氨酸（$C_0 = 0.1$ mg/mL）水溶液中，接触时间为 24 h，30 ℃恒温水浴下，考察 HCP-CM1M1-4 对色氨酸的平衡吸附量随着 pH 变化的规律，实验结果如图 7.10 所示。

由图 7.10 可知，pH 对 HCP-CM1M1-4 吸附量有一定影响，这可能是由于 pH 的改变导致了色氨酸电荷也产生了变化，查阅相关资料可知，色氨酸等电点 pI = 5.89，酸性条件下，色氨酸溶液表现为带正电荷，而碱性条件下则表现出带负电荷。从图中可以看出，整体上材料 HCP-CM1M1-4 对酸性溶液中色氨酸吸附量比碱性溶液中更好一些，当溶液 pH = 5 ~ 7 时材料对色氨酸吸附量则无太大差异，但由于在中性条件（pH为7）时选择性吸附效果较好，以及为了实验条件更加环保，在对实验结果影响不大时选择 pH=7 为吸附溶液最优 pH 值。

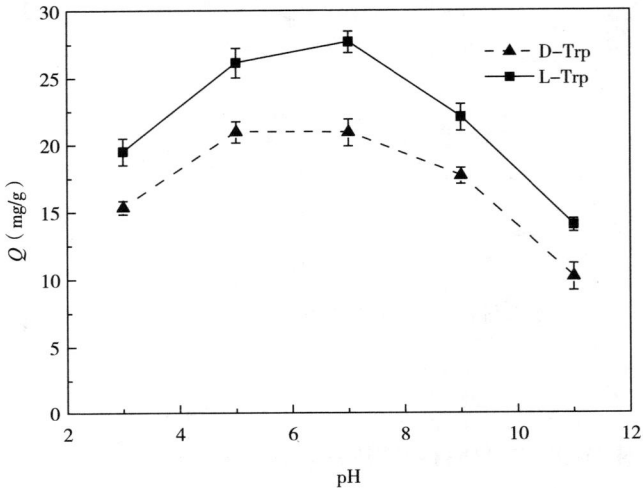

图 7.10　样品 HCP-CM1M1-4 在不同 pH 条件下对 D/L-色氨酸的吸附分析

7.2.3　材料用量对 HCP-CM1M1-4 吸附色氨酸的影响

为了确定本实验最合适的吸附剂与溶液比例以及研究吸附剂用量对吸附性能的影响，我们用不同质量的吸附剂对相同情况的溶液进行吸附，测定吸附剂为 1 mg、2 mg、4 mg、6 mg 和 8 mg 时 HCP-CM1M1-4 对 2 mL 浓度为 0.1 mg/mL 的色氨酸溶液中色氨酸的吸附量，从而确定 HCP-CM1M1-4 的最佳用量。实验结果如图 7.11 所示。

由图 7.11 可知，吸附剂用量逐渐增加，溶液中被吸附的色氨酸也越来越多。从理论上来讲，为了增加吸附量，就得提高吸附剂的用量，但是从单位吸附剂量对应的吸附量以及不同吸附剂的量对 D/L-色氨酸对映体特异性吸附的结果可以看出，最优吸附剂的用量为 4 mg。

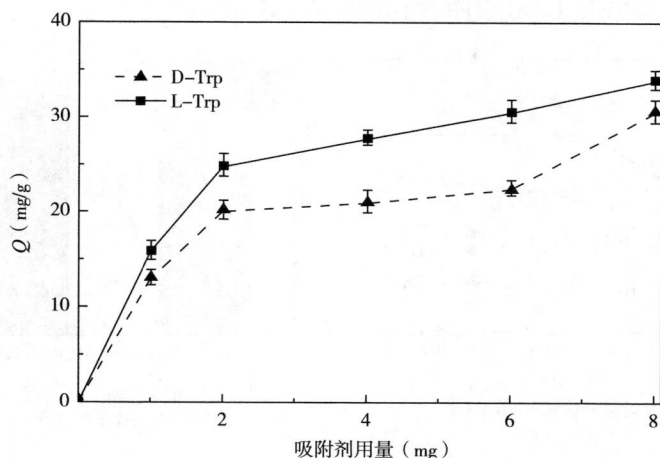

图 7.11　吸附剂用量对色氨酸吸附性能的影响

7.2.4　接触时间对 HCP-CM1M1-4 和 HCP-CM1M1-5 吸附色氨酸的影响

　　HCP-CM1M1-4 和 HCP-CM1M1-5 样品的吸附量—接触时间曲线如图 7.12（a）所示。从图中可以看出，HCP-CM1M1-4 和 HCP-CM1M1-5 的对单一 D/L 色氨酸对映体的吸附量在前 8 h 内迅速增加。12 h 后吸附减缓，24 h 后逐渐达到平衡状态，此时吸附与脱附速率相等，吸附色氨酸的量不变。如图 7.12（b）所示，样品 HCP-CM1M1-4 和 HCP-CM1M1-5 对 D-色氨酸和 L-色氨酸的饱和吸附量分别为 20.91 mg/g 和 27.70 mg/g，35.17 mg/g 和 34.83 mg/g。从图中可以看出，纯苯交联聚合物 HCP-CM1M1-5 对 D-色氨酸和 L-色氨酸吸附量较高，但却不能特异性识别而选择性吸附某一单一对映体。而对于含有手性添加剂 L-苯丙氨酸的超交联聚合物 HCP-CM1M1-4 来说，虽然对 D-色氨酸和 L-色氨酸吸附量较低，但却能特异性识别而对 L-色氨酸具有选择性。结果表明，在苯超交联聚合物中加入手性添加剂 L-苯丙氨酸，得到的材料对 L-对映体具有特异性识别能力。

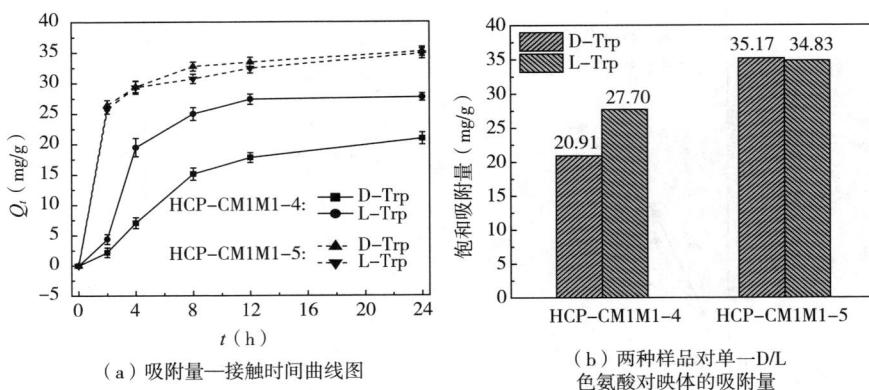

（a）吸附量—接触时间曲线图

（b）两种样品对单一D/L
色氨酸对映体的吸附量

图 7.12　接触时间对 HCP-CM1M1-（4，5）吸附 D/L-色氨酸的影响

7.2.5　温度对 HCP-CM1M1-4 吸附色氨酸的影响

在实验中以 HCP-CM1M1-4 吸附量为目标函数，在 25 ℃、35 ℃、45 ℃ 和 55 ℃ 温度时分别测定 HCP-CM1M1-4 对色氨酸的吸附量，从而确定 HCP-CM1M1-4 的最佳吸附温度。实验结果如图 7.13 所示。

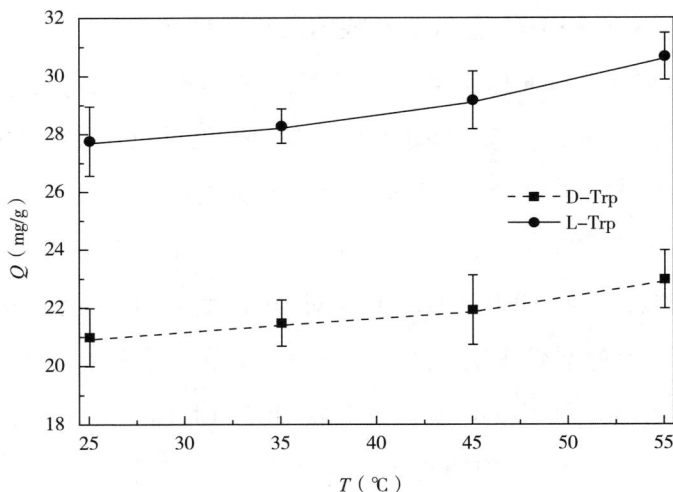

图 7.13　温度对 HCP-CM1M1-4 吸附 D/L-色氨酸的影响

由图 7.13 可知，温度对 HCP-CM1M1-4 吸附色氨酸的影响较小，随着吸附温度的增加，HCP-CM1M1-4 对色氨酸的吸附量只有少量增加。在对吸附结果影响较小的情况下，为了减小吸附热对实验结果的影响，也为了较为方便地控制温度，接下来的实验选择在水浴 30 ℃条件下进行。

7.2.6　初始浓度对 HCP-CM1M1-4 吸附色氨酸的影响

为了研究色氨酸的浓度变化对 HCP-CM1M1-4 吸附性能的影响，本实验分别测试了色氨酸在水溶液中的浓度为 0.005 mg/mL、0.01 mg/mL、0.015 mg/mL、0.02 mg/mL、0.025 mg/mL、0.03 mg/mL、0.035 mg/mL、0.04 mg/mL、0.045 mg/mL、0.05 mg/mL 时的 HCP-CM1M1-4 对 D-色氨酸和 L-色氨酸吸附量，将实验结果绘制成曲线，如图 7.14 所示。

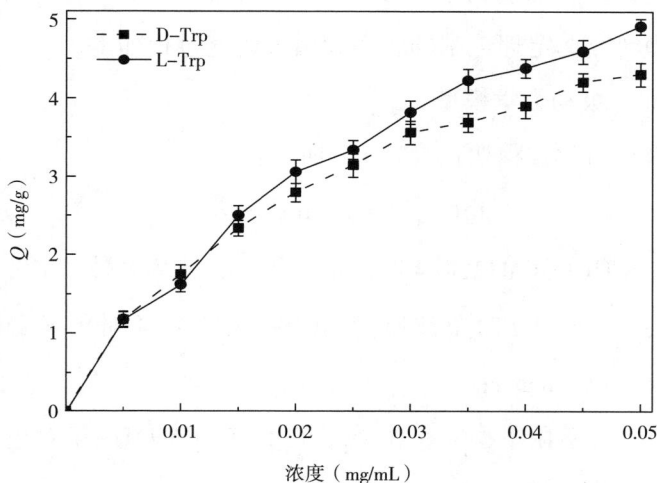

图 7.14　初始浓度对 HCP-CM1M1-4 吸附 D/L-色氨酸的影响

由图 7.14 可知，随着色氨酸浓度的增加，材料 HCP-CM1M1-4 对色氨酸的吸附容量也随着增加，且在较低浓度时由于吸附量很低，材料对 L-色氨酸和 D-色氨酸吸附效果基本无差异，但随着浓度增加，吸附量增大，其对 L-色氨酸吸附量大于 D-色氨酸吸附量的差异才显现出来，说明 HCP-CM1M1-4 中存在特异性识别位点，对 L-色氨酸具有显著的特异性吸附能力。但考虑到紫外光谱以及圆二色谱仪器对色氨酸的检测范围，为了提高溶液紫外吸光度以及圆二色谱信号的准确度，同时也为了保证材料有一个较高的吸附量，选择 0.1 mg/mL 作为被吸附物色氨酸的最优浓度。

7.3 HCP-CM1M1-4 的吸附动力学研究

本实验采用准一级动力学模型和准二级动力学模型来对示例材料 HCP-CM1M1-4 进行动力学研究，将实验测得的数据进行拟合后对比拟合结果找到匹配的动力学模型，为材料 HCP-CM1M1-4 吸附色氨酸的吸附机理研究奠定理论基础。实验结果研究过程如下。

（1）准一级动力学模型。

准一级动力学方程如式（7-1）所示：

$$\ln(Q_e - Q_t) = \ln Q_e - K_1 t \qquad (7-1)$$

式中：K_1——HCP-CM1M1-4 对色氨酸的结合速率系数，h^{-1}；

Q_t——在时间 t 时单位质量 HCP-CM1M1-4 对色氨酸的吸附总量，mg/g；

Q_e——在吸附平衡时单位质量的 HCP-CM1M1-4 对色氨酸的吸附总量，mg/g；

t——HCP-CM1M1-4 对色氨酸吸附的接触时间，h。

（2）准二级动力学模型。

准二级动力学方程如式（7-2）所示：

$$\frac{t}{Q_t} = \frac{1}{K_2 Q_e^2} + \frac{t}{Q_e} \qquad (7-2)$$

式中：K_2——HCP-CM1M1-4 对色氨酸的结合速率系数，g/(mg·h)；

Q_t——在时间 t 时单位质量 HCP-CM1M1-4 对色氨酸的吸附总量，mg/g；

Q_e——在吸附平衡时单位质量的 HCP-CM1M1-4 对色氨酸的吸附总量，mg/g；

t——HCP-CM1M1-4 对色氨酸吸附的接触时间，h。

利用上述两种动力学模型对实验数据进行拟合分析。采用实验测试得到的实验数据，根据以上公式进行相关计算得到计算数据，拟合分析结果如图 7.15 所示。

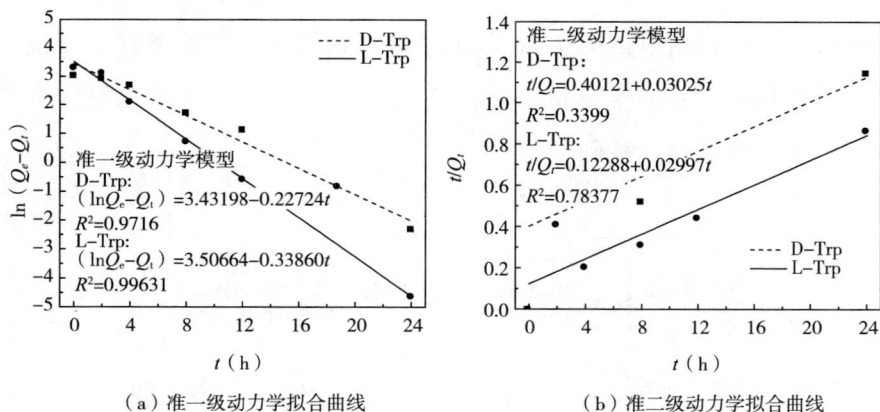

（a）准一级动力学拟合曲线　　　　（b）准二级动力学拟合曲线

图 7.15　HCP-CM1M1-4 对色氨酸吸附准一级动力学与
准二级动力学拟合曲线

两种拟合模型的拟合参数可以根据拟合结果计算而得，如表 7.2 所示，与准二级模型相比，准一级模型可以根据各动力学模型的相关系数更好地拟合结合数据。

表 7.2　准一级动力学与准二级动力学模型拟合参数

被吸附物	$Q_{e,exp}$ （mg/g）	准一级动力学模型			准二级动力学模型		
		$Q_{e,cal}$ （mg/g）	k_1 （h^{-1}）	R^2	$Q_{e,cal}$ （mg/g）	k_2 ［g/（m·h）］	R^2
D-Trp		30.94	0.2272	0.9716	33.06	0.0023	0.3399
L-Trp		33.34	0.3386	0.9963	33.37	0.0073	0.7838

7.4　HCP-CM1M1-4 的吸附热力学研究

在温度为 298 K、308 K、318 K、328 K 下，将材料 HCP-CM1M1-4 对不同浓度（0.01 mg/mL、0.03 mg/mL、0.05 mg/mL）的色氨酸溶液进行吸附，所得结果如图 7.16 所示，对得到的不同浓度条件下温度—吸附量数据进行热力学分析，为材料 HCP-CM1M1-4 吸附色氨酸的吸附机理研究奠定理论基础。

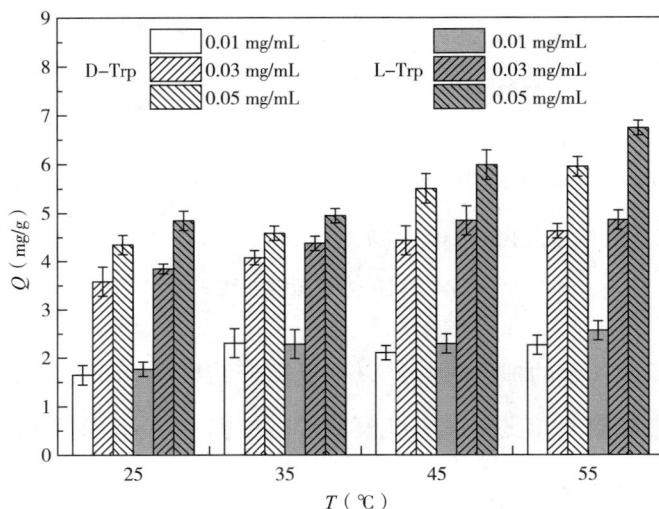

图 7.16　不同浓度下对应不同温度条件下 HCP-CM1M1-4 的吸附量

根据 Van't Hoff 方程

$$\ln\left(\frac{Q_e}{C_e}\right) = -\frac{\Delta H}{RT} + \frac{\Delta S}{R} \tag{7-3}$$

$$\Delta G = \Delta H - T\Delta S \tag{7-4}$$

式中：Q_e——吸附平衡时单位质量 HCP-CM1M1-4 对色氨酸的吸附总量，mg/g；

　　　C_e——HCP-CM1M1-4 吸附色氨酸达到平衡时，色氨酸溶液的浓度，mg/mL；

　　　ΔG——HCP-CM1M1-4 吸附色氨酸过程的吉布斯自由能变，kJ/mol；

　　　R——气体常数 8.314，J/(mol·K)；

　　　ΔS——HCP-CM1M1-4 吸附色氨酸过程的熵变，J/(mol·K)；

　　　ΔH——HCP-CM1M1-4 吸附色氨酸过程的焓变，kJ/mol；

　　　T——HCP-CM1M1-4 吸附色氨酸的温度，K。

依据上述公式，不同温度下吸附色氨酸的热力学曲线如图 7.17 所示，相关热力学参数如表 7.3 所示。由表 7.3 可知，在不同温度条件下 HCP-CM1M1-4 吸附色氨酸过程的 ΔG 均为负值，且随温度升高而减小，这说明该吸附过程是自发进行，且自发程度随温度的升高而增高。ΔH 均为正值，说明 HCP-CM1M1-4 对色氨酸的吸附是吸热反应，即温度增加利于 HCP-CM1M1-4 对色氨酸的吸附。由于在固液吸附体系中吸附过程是动态的，吸附过程中也伴随着解吸的过程，该吸附过程的 ΔS 均为正值，说明材料 HCP-CM1M1-4 对色氨酸的吸附过程为熵增反应，即体系向混乱程度增大的方向进行。这可能是由于吸附水分子的置换所引起的熵值增加大于氨基酸吸附所引起的熵值降低。除此之外，去除水分子可加强 HCP-CM1M1-4 中结合位点的存在，有利于氨基酸的吸附。

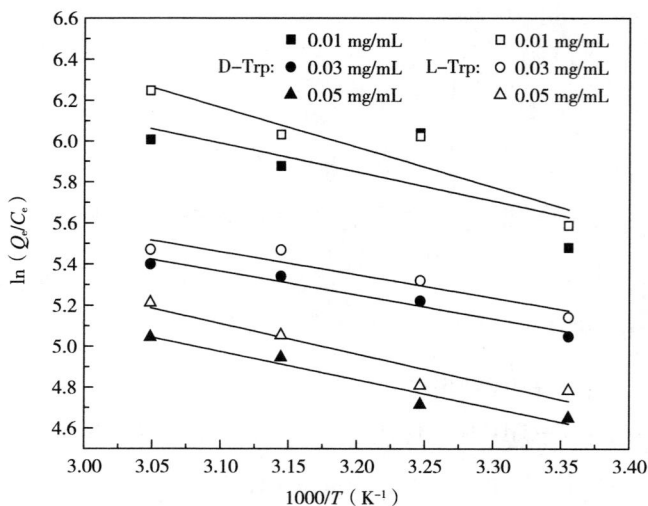

图 7.17　吸附温度对热力学平衡的影响

表 7.3　HCP-CM1M1-4 吸附色氨酸过程的热力学参数

C	ΔH	ΔS	ΔG（kJ/mol）			
（mg/mL）	（kJ/mol）	（J/mol·K）	298 K	308 K	318 K	328 K
0.01（D）	1.174×10^4	86.180	-1.394×10^4	-1.480×10^4	-1.567×10^4	-1.653×10^4
0.03（D）	0.952×10^4	73.924	-1.251×10^4	-1.325×10^4	-1.399×10^4	-1.473×10^4
0.05（D）	1.072×10^4	74.609	-1.151×10^4	-1.223×10^4	-1.301×10^4	-1.375×10^4
0.01（L）	1.626×10^4	101.655	-1.403×10^4	-1.505×10^4	-1.607×10^4	-1.708×10^4
0.03（L）	0.931×10^4	74.264	-1.282×10^4	-1.356×10^4	-1.431×10^4	-1.505×10^4
0.05（L）	1.238×10^4	80.859	-1.172×10^4	-1.252×10^4	-1.333×10^4	-1.414×10^4

7.5　HCP-CM1M1-4 的等温吸附研究

由图 7.14 可知，HCP-CM1M1-4 对色氨酸的吸附容量随着色氨酸浓度的增加而增加，HCP-CM1M1-4 对 L-色氨酸的吸附容量高于对 D-

色氨酸的吸附容量，说明材料 HCP-CM1M1-4 对 L-色氨酸具有特异性识别吸附能力。

和大多数吸附机理研究一样，为了研究材料 HCP-CM1M1-4 对色氨酸吸附的结合方式，本实验采用 Langmuir 和 Freundlich 这两种吸附等温模型对实验得到的吸附数据进行拟合分析，通过对比两种模型的拟合结果确定吸附过程所符合的等温吸附模型。两种模型方程式如下。

（1）Langmuir 等温吸附模型。

Langmuir 的方程如式（7-5）所示：

$$Q_e = \frac{QK_L C_e}{1 + K_L C_e} \tag{7-5}$$

式中：Q——单位质量 HCP-CM1M1-4 对色氨酸的吸附总量，mg/g；

Q_e——吸附平衡时单位质量 HCP-CM1M1-4 对色氨酸的吸附总量，mg/g；

C_e——HCP-CM1M1-4 吸附色氨酸达到平衡时，色氨酸溶液的浓度，mg/mL；

K_L——吸附—解离平衡系数，mL/mg。

Langmuir 吸附等温模型的单分子层吸附公式可由式（7-5）变形而得，如式（7-6）所示：

$$\frac{C_e}{Q_e} = \frac{C_e}{Q_e} + \frac{1}{K_L Q} \tag{7-6}$$

（2）Freundlich 吸附等温模型。

Freundlich 的方程如式（7-7）所示：

$$\ln Q_e = \ln K_F + \frac{1}{n}\ln C_e \tag{7-7}$$

式中：C_e——HCP-CM1M1-4 吸附色氨酸达到平衡时，色氨酸溶液的浓度，mg/mL；

Q_e——吸附平衡时单位质量 HCP-CM1M1-4 对色氨酸的吸附总
量，mg/g；

K_F——Freundlich 常数；

$1/n$——等温平衡吸附指数。

将测得的实验数据分别代入上述两种模型方程式进行拟合，所得结
果如图 7.18 所示。

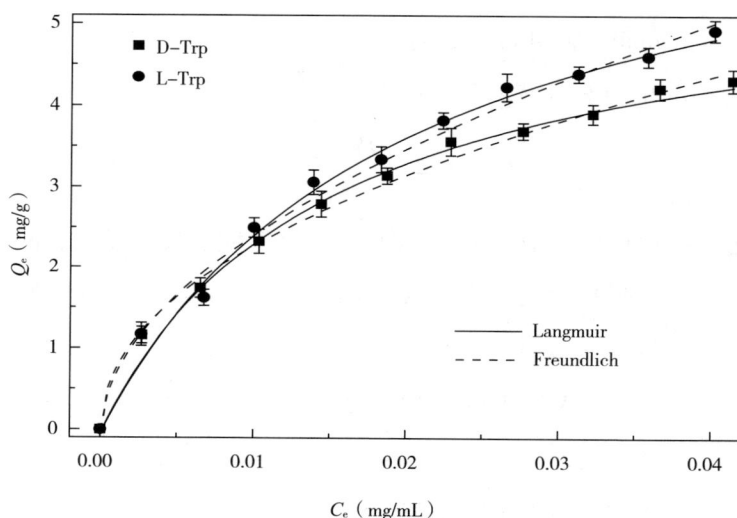

图 7.18　HCP-CM1M1-4 的 Freundlich 和 Langmuir 学拟合曲线

两种拟合模型的拟合参数可由拟合结果数据计算而得。由图 7.18
所示，两种模型拟合曲线均与原数据比较贴合，说明两种模型均能较可
靠地对 HCP-CM1M1-4 对 D/L-色氨酸的吸附结果进行拟和分析。但由
表 7.4 可知，对比两种模型的具体相关系数 R^2 数值，Freundlich 等温线
模型 [$R^2 = 0.9946$（D），0.9913（L）] 比 Langmuir 模型拟合得更好
[$R^2 = 0.9934$（D），0.9891（L）]。结果证实，HCP-CM1M1-4 可能在
吸附过程中与色氨酸是非均相吸附结合，HCP-CM1M1-4 上存在多个
结合位点与色氨酸结合。

表 7.4　**Freundlich 和 Langmuir 模型拟合参数**

样品	Langmuir 模型			Freundlich 模型		
	Q_m	K_L	R^2	n	K_F	R^2
D–Trp	5.7778	6.4835	0.9934	2.1427	19.6485	0.9946
L–Trp	7.2024	6.0618	0.9891	1.9021	27.2551	0.9913

7.6　HCP–CM1M1–4 吸附 L–Trp 的吸附机理

本实验利用水/乙醇（4/1，体积比）和水/乙酸（9/1，体积比）中对 L-色氨酸进行脱附实验，经 CD 和 UV-Vis 验证（图 7.19）可以看出纯 L-色氨酸、被吸附后的 L-色氨酸以及被脱附的 L-色氨酸溶液的 CD 信号的变化。对于 HCP-CM1M1-4 的 L-色氨酸溶液解吸，两种洗脱液中检测到的 CD 信号均非常微弱，用紫外—可见分光光度计进一步测量溶液的吸光度后，根据之前得到的 L-色氨酸浓度—吸光度标准曲线计算 HCP-CM1M1-4 对 L-色氨酸在两种溶液中的解吸量，分别为 5.28 mg/g 以及 3.96 mg/g。对比 HCP-CM1M1-4 对 L-色氨酸的吸附量（27.70 mg/g）来说，解吸量十分微量。虽然相较于乙醇水溶液，乙酸的加入使解吸量有微弱增加，但就目前来看，HCP-CM1M1-4 对 L-色氨酸的解吸是比较困难的，这可能是由于 L-色氨酸与 HCP-CM1M1-4 为比较复杂的非均相吸附结合。

为了进一步说明 HCP-CM1M1-4 对 L-色氨酸的吸附机理，本实验把未吸附过的、吸附过的以及解吸过的 HCP-CM1M1-4 材料进行红外测试对比，结果如图 7.20 所示。

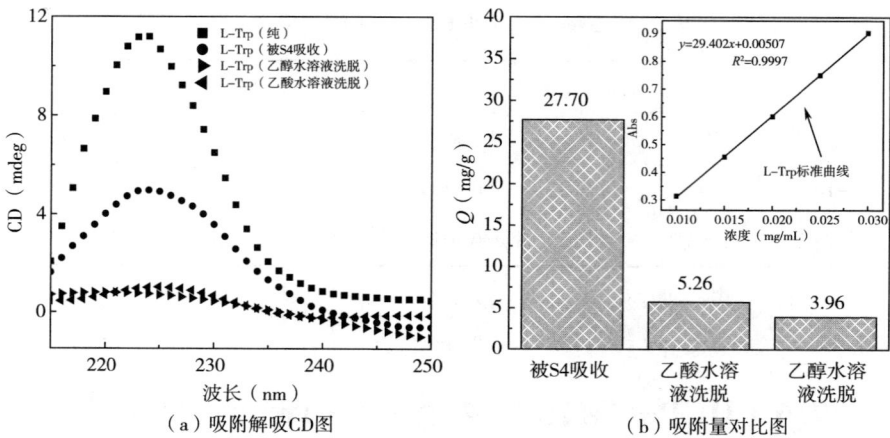

（a）吸附解吸CD图　　　　　　　（b）吸附量对比图

图 7.19　HCP-CM1M1-4 对 L-色氨酸吸附解吸 CD 以及吸附量对比图

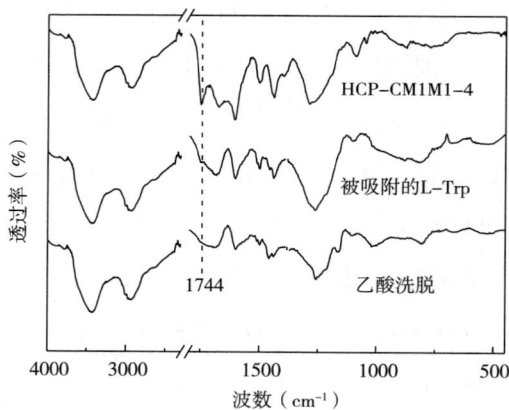

图 7.20　吸附解吸红外对比图

　　从图 7.20 可以看出，1744 cm⁻¹ 附近的红外峰是最主要的变化范围，此处的峰可以归属于羧基上的 C ═O 伸缩振动。这说明吸附剂 HCP-CM1M1-4 里的 C ═O 可能与被吸附物 L-色氨酸里的 N—H 官能团之间有相互作用而导致出峰改变。此外，除样品被酸洗后由于酸的作用有一些明显的红外光谱的变化外，吸附剂 HCP-CM1M1-4 吸附前后的红外光谱基本无太大改变，这可能是由吸附的 L-色氨酸太少以及吸附剂与被吸附物具有类似的官能团结构造成的。

7.7　对映体选择性吸附性能

7.7.1　HCP-CM1M1-2~HCP-CM1M1-5 对 3 种芳香族氨基酸的选择性吸附

手性添加剂的加入使合成的超交联多孔材料中包含了手性结构，手性结构的存在有望赋予材料对某些手性物质单一对映体的特异性识别能力。

在本研究中，除了样品 HCP-CM1M1-1 溶于水无法表征其吸附能力外，我们将得到的超交联手性多孔聚合物 HCP-CM1M1-2、HCP-CM1M1-3、HCP-CM1M1-4 以及 HCP-CM1M1-5 用于识别 D/L-色氨酸、D/L-苯丙氨酸和 D/L-苯甘氨酸。吸附前后 D/L-色氨酸、D/L-苯丙氨酸和 D/L-苯甘氨酸的 CD 变化如图 7.21~图 7.23 所示。根据 CD 信号的变化计算出其对映选择性吸附能力，样品对芳香氨基酸的特异性吸附率见表 7.5。

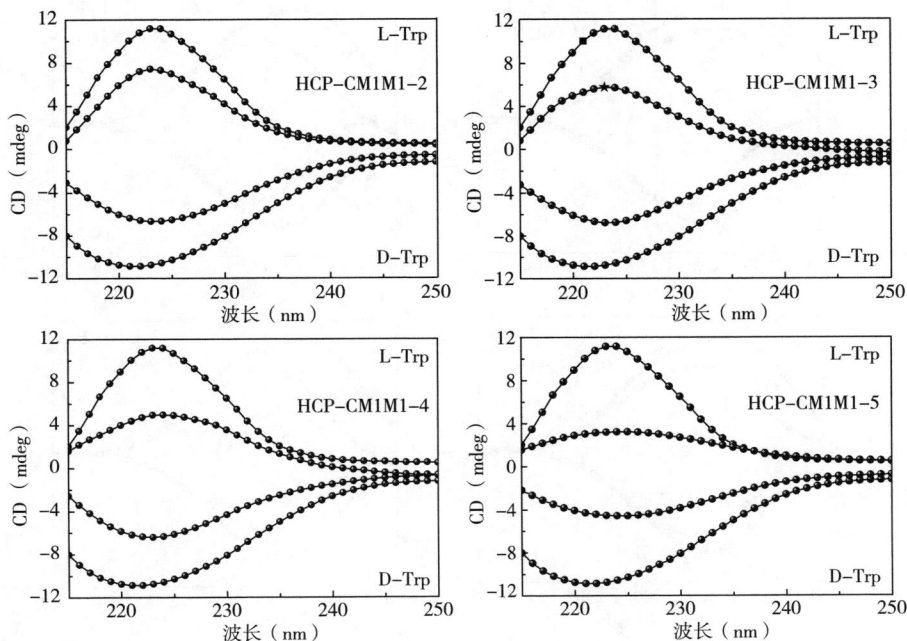

图 7.21　HCP-CM1M1-2~HCP-CM1M1-5 对 D/L-色氨酸吸附前后 CD 分析

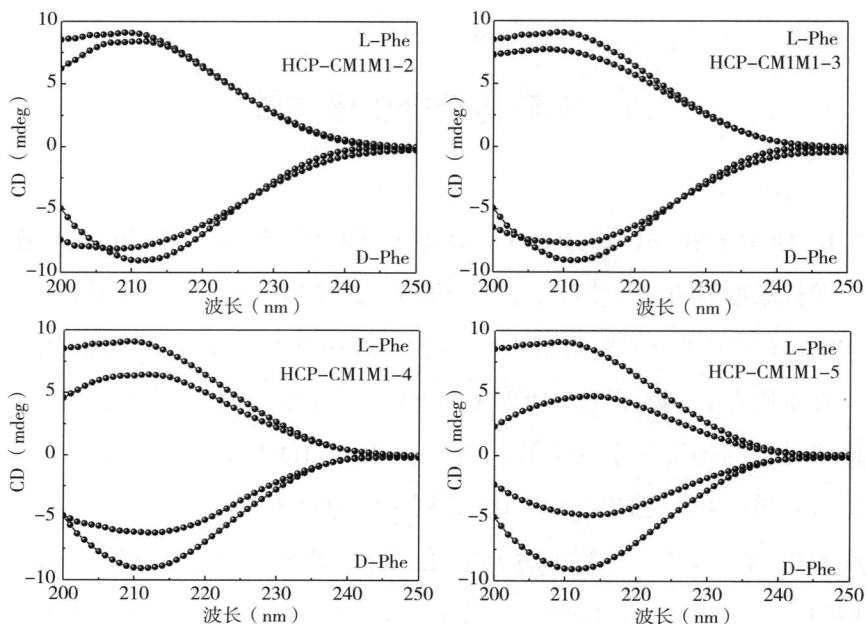

图 7.22　HCP-CM1M1-2~HCP-CM1M1-5 对 D/L-苯丙氨酸吸附前后 CD 分析

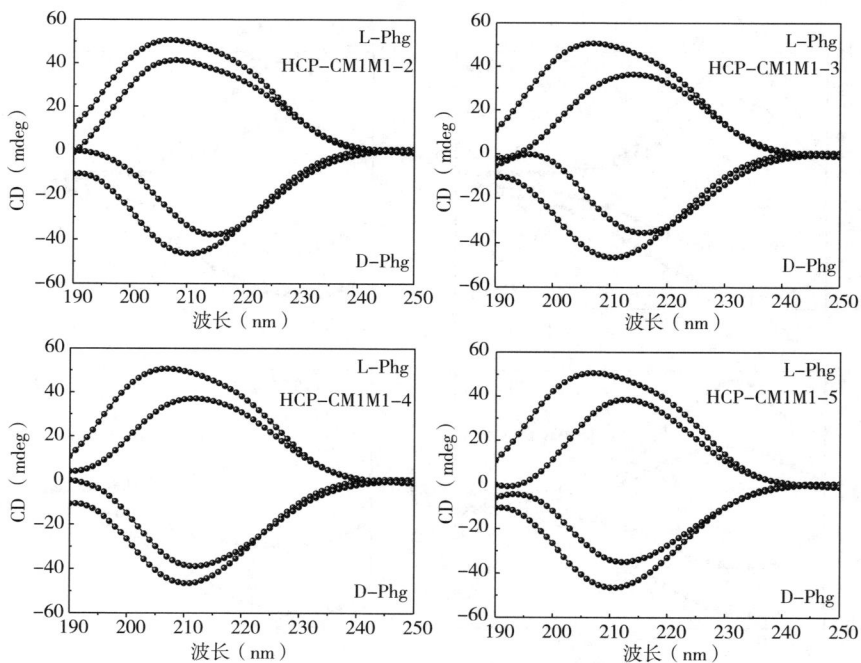

图 7.23　HCP-CM1M1-2~HCP-CM1M1-5 对 D/L-苯甘氨酸吸附前后 CD 分析

表 7.5　HCP-CM1M1-1~HCP-CM1M1-5 对 3 种氨基酸的吸附

种类	浓度（mg/mL）	Q_e（mg/g）				
		-1	-2	-3	-4	-5
D-Trp	0.1	—	19.55	19.09	20.91	35.17
L-Trp	0.1	—	16.97	24.11	27.68	34.83
D-Phe	0.2	—	5.32	7.48	15.43	23.41
L-Phe	0.2	—	4.79	7.48	15.16	23.67
D-Phg	0.3	—	8.15	11.96	7.61	11.96
L-Phg	0.3	—	9.41	14.36	11.88	11.39

如表 7.5 所示，4 种聚合物对 D/L-色氨酸的吸附能力优于 D/L-苯丙氨酸和 D/L-苯甘氨酸。此外，随着苯含量的增加，HCP-CM1M1-2~HCP-CM1M1-5 对 3 种芳香氨基酸的吸附能力逐渐增大。这种现象很可能与多孔材料的内部结构有关。换句话说，当苯与 L-苯丙氨酸的比例逐渐增大时，多孔聚合物将有更多的空间让手性氨基酸进入位于材料内部的结合位点。另外，CD 光谱表征的实验结果表明，以 HCP-CM1M1-4 为代表的手性多孔聚合物对 D-色氨酸和 L-色氨酸对映体的吸附存在显著差异。下面主要以 HCP-CM1M1-4 作为示例来描述和讨论实验过程。

7.7.2　HCP-CM1M1-4（D/L）对色氨酸的选择性吸附

为了进一步说明手性添加剂 L-苯丙氨酸对超交联手性多孔材料 HCP-CM1M1-4 选择性吸附 L-色氨酸对映体的作用，用 D-苯丙氨酸替换 L-苯丙氨酸按照相同的合成步骤合成了 D-型的超交联手性多孔材料 HCP-CM1M1-4（D），为了方便比较，把之前的材料 HCP-CM1M1-4 标记为 HCP-CM1M1-4（L）。在 pH=7，温度为 30 ℃的条件下对 2 mL 浓度为 0.1 mg/mL 的单一对映体 D-色氨酸和 L-色氨酸溶液进行吸附，吸附剂用量均为 4 mg。

色氨酸纯溶液的 CD 信号以及被材料 HCP-CM1M1-4（L）和 HCP-CM1M1-4（D）吸附后的色氨酸 CD 信号如图 7.24 所示。从图 7.24（a）和（b）可以看出，被材料 HCP-CM1M1-4（L）吸附前后的 L-色氨酸溶液 CD 信号的变化 Δ（CD）= 6.09，而对于 D-色氨酸溶液来说，Δ（CD）= 4.60。这说明材料 HCP-CM1M1-4（L）对单一对映体 L-色氨酸的选择性吸附能力为 ca. 13.54%，这意味着 HCP-CM1M1-4（L）对 L-色氨酸的识别优于对 D-色氨酸的识别。与 HCP-CM1M1-4（L）

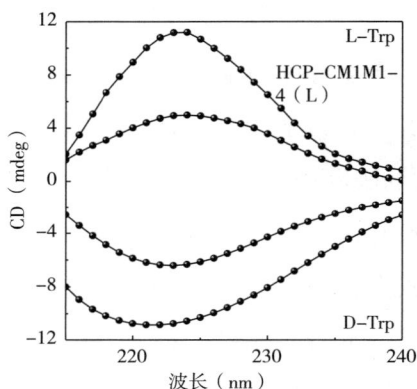

（a）HCP-CM1M1-4（L）
对色氨酸吸附前后 CD 变化

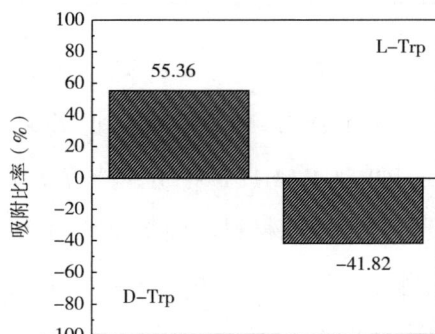

（b）HCP-CM1M1-4（L）
对色氨酸的吸附比率

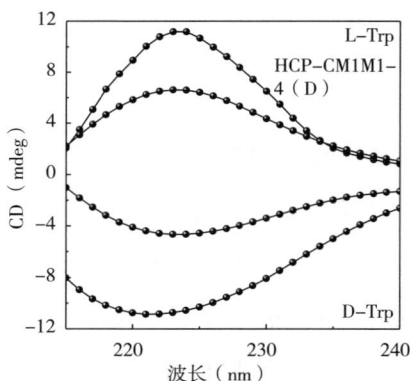

（c）HCP-CM1M1-4（D）
对色氨酸吸附前后 CD 变化

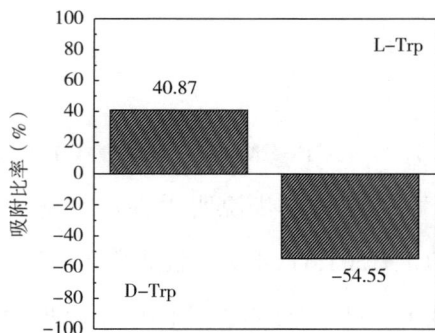

（d）HCP-CM1M1-4（D）
对色氨酸的吸附比率

图 7.24　HCP-CM1M1-4（D/L）对色氨酸吸附前后 CD 变化（a/c）
以及吸附比率分析（b/d）

相反，从图 7.24（c）和（d）可以看出，被材料 HCP-CM1M1-4（D）吸附前后的 L-色氨酸溶液 CD 信号的变化 Δ（CD）= 4.50，而对于 D-色氨酸溶液来说，Δ（CD）= 6.00。这说明材料 HCP-CM1M1-4（D）对单一对映体 D-色氨酸的选择性吸附能力为 ca. 13.68%，这意味着 HCP-CM1M1-4（D）对 D-色氨酸的识别优于对 L-色氨酸的识别。结果表明，样品 HCP-CM1M1-4（L）和 HCP-CM1M1-4（D）有较好的对映体对映选择性，即 L-色氨酸优先被 L-型样品 HCP-CM1M1-4（L）吸附，D-色氨酸优先被 D-型样品 HCP-CM1M1-4（D）吸附。

7.8　HCP-CM1M1-4（D/L）对 3 种氨基酸的重结晶

基于吸附实验对材料 HCP-CM1M1-4（L）和 HCP-CM1M1-4（D）手性识别能力的初步表征与验证后，进行了重结晶实验来进一步验证该材料的手性识别能力。

通过重结晶实验，最终得到所需要研究的物质有两类，一是经过诱导后重结晶析出的晶体，二是重结晶所残留的滤液。以下将分别对它们进行相关的研究与分析。

7.8.1　晶体分析

图 7.25 是 3 种干燥的氨基酸晶体的照片，从中可以看出，加入所制得的手性材料样品诱导后结出的晶体形态的差异很大，肉眼可见。首先，观察丙氨酸结晶照片图 7.25（A），三组实验得到的重结晶晶体均为针状，但对比未添加手性材料［图 7.25（A）（c）］的情况，可以看出在加入手性材料［图 7.25（A）（a）和（b）］的情况下，丙氨酸重结晶晶体更加细长。其次，观察谷氨酸结晶照片图 7.25（B），三组实验得到的重

结晶晶体均为粒状，未添加手性材料［图7.25（B）（c）］的情况下晶体成堆聚集而肉眼无法判断具体形貌，而在加入手性材料［图7.25（B）（a）和（b）］的情况下，晶体均为比较均匀的小颗粒。最后，观察苏氨酸结晶照片图7.25（C），样品HCP-CM1M1-4（L）诱导结出的苏氨酸晶体［图7.25（B）（a）］颗粒较小，整体形状如同饱满的米粒，并且相对较均匀，而由样品HCP-CM1M1-4（D）诱导结出的苏氨酸晶体［图7.25（B）（b）］以及未加入手性材料重结晶形成的晶体［图7.25（B）（c）］的形状就显得比较规整，各个单独的晶体都是长条柱状的，且有一定的晶体团簇在一起，晶体未分散。对比3种氨基酸不同情况下的重结晶晶体形貌图可知，由材料HCP-CM1M1-4（L）和HCP-CM1M1-4（D）诱导得到的形貌相差较大的晶体为苏氨酸晶体，这就说明可能由HCP-CM1M1-4（L）和HCP-CM1M1-4（D）诱导析出的苏氨酸晶体的化学组成差异较大，也从侧面说明了HCP-CM1M1-4（L）和HCP-CM1M1-4（D）极有可能诱导苏氨酸对映体的选择性结晶。

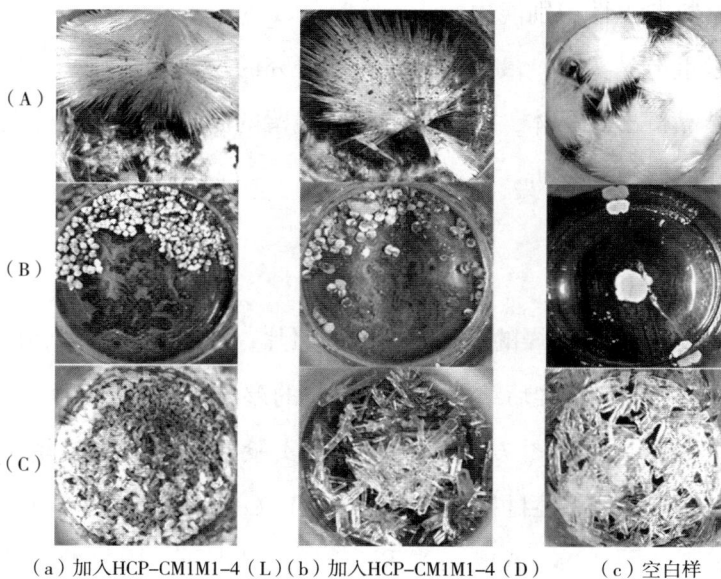

（a）加入HCP-CM1M1-4（L）　（b）加入HCP-CM1M1-4（D）　（c）空白样

图7.25　丙氨酸（A）、谷氨酸（B）以及苏氨酸（C）外消旋体结晶图

以上是对所制备的材料诱导所析出的晶体的形貌分析。下面将对诱导选择性结晶后残留的苏氨酸滤液进行分析。

7.8.2　残余滤液分析

对比苏氨酸重结晶后残余的 3 组溶液以及纯的单一对映体 L-苏氨酸和 D-苏氨酸溶液 CD 信号，得到的圆二色光谱图如图 7.26 所示。首先可以看到，当不加入任何诱导材料时，重结晶后残余的苏氨酸溶液的 CD 信号始终处于 0 附近并上下波动，而加入手性诱导材料 HCP-CM1M1-4（L）和 HCP-CM1M1-4（D）之后，重结晶后残余的苏氨酸溶液的 CD 信号分别与纯的 D-苏氨酸溶液和 L-苏氨酸溶液的 CD 信号同向，这就说明了加入手性材料 HCP-CM1M1-4（L）和 HCP-CM1M1-4（D）之后，外消旋体溶液分别发生了 L-苏氨酸的优先结晶和 D-苏氨酸的优先结晶，这正好与所加入材料的手性构型相同，也就证实了所制备的材料诱导了外消旋体的选择性结晶。同时这也说明，当引入的手性单体单元的空间构型为 L 型时，所合成的材料可以诱导 L 型氨基酸结晶，而当引入的手性单体单元的空间构型为 D 型时，所合成的材料可以诱导 D 型氨基酸结晶，从而实现了预期的手性拆分的功能。

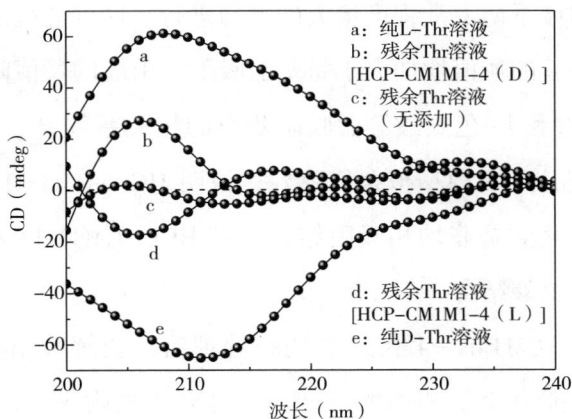

图 7.26　苏氨酸结晶残余溶液的 CD 分析

7.9 本章小结

本章主要是研究了基于苯和 L–苯丙氨酸的超交联手性多孔材料吸附剂的合成以及对氨基酸分子的吸附性能。

（1）通过对不同比例 L–苯丙氨酸和苯材料 HCP–CM1M1–1～HCP–CM1M1–5 进行的固体^{13}C NMR、SEM、FTIR、TGA、BET 比表面积等表征以及对材料 HCP–CM1M1–4 进行的 SEM–EDS 和 XPS 表征，证明了 L–苯丙氨酸和苯的超交联手性多孔材料能够简单可控地合成。

（2）吸附剂 HCP–CM1M1–4 对色氨酸分子吸附条件的优化。最佳条件为：溶液浓度为 0.1 mg/mL，溶液 pH 为 7，吸附温度为 30 ℃，吸附剂用量为 4 mg，接触时间 24 h。

（3）对材料 HCP–CM1M1–4 进行动力学吸附、热力学吸附以及等温吸附研究，结果表明：与准二级模型相比，准一级模型能更好地拟合 HCP–CM1M1–4 吸附色氨酸分子的动力学数据；HCP–CM1M1–4 吸附色氨酸过程是自发进行，且是自发程度随温度的升高而增大的、吸热的熵增反应，即体系向混乱程度增大的方向进行，这可能是由于吸附水分子的置换所引起的熵值增加大于氨基酸吸附所引起的熵值降低；对比材料对 D–色氨酸和 L–色氨酸等温吸附研究的相关系数 R^2，Freundlich 等温线模型比 Langmuir 模型拟合得更好，说明 HCP–CM1M1–4 可能在吸附过程中与色氨酸是非均相吸附结合，且 HCP–CM1M1–4 上存在多个结合位点与色氨酸结合。

（4）HCP–CM1M1–4 在经过洗脱处理后，能解吸出少量色氨酸，说明该材料可能有重复利用的潜能；通过对比吸附剂 HCP–CM1M1–4 吸附前后红外光谱在 1744 cm^{-1} 左右的出峰改变，可以看出吸附剂

HCP–CM1M1–4 里的 C ═O 可能与被吸附物 L–色氨酸里的 N—H 官能团之间有相互作用。

（5）通过对比含有手性添加剂 L–苯丙氨酸的材料 HCP–CM1M1–4 与纯苯合成的材料 HCP–CM1M1–5 对 D/L–色氨酸的吸附，以及含有 L–苯丙氨酸的材料 HCP–CM1M1–4（L）与含有 D–苯丙氨酸的材料 HCP–CM1M1–4（D）诱导外消旋体苏氨酸重结晶的结果，可以看出手性添加剂苯丙氨酸的加入赋予了材料特异性识别能力。

第8章　手性添加剂与共交联物结构对手性超交联多孔材料合成及选择性吸附性能的影响

8.1　不同手性氨基酸与苯交联材料的制备及表征

8.1.1　不同手性氨基酸与苯单体交联材料的合成

通过 Friedel-Crafts 烷基化反应，5 种不同手性添加剂 L-苯丙氨酸（CM1）、L-色氨酸（CM2）、L-苯甘氨酸（CM3）、L-酪氨酸（CM4）以及 L-苯丙氨醇（CM5）与苯（M1）交联得到系列材料，并通过 FITR、固体 ^{13}C NMR、SEM、TGA、N_2 吸附脱附等测试方法对这些材料进行结构和性能表征，再通过吸附实验探索手性单体对该类超交联手性多孔材料的吸附与手性识别性能的影响。本实验条件及部分实验结果见表 8.1，其中含有手性添加剂 L-苯丙氨酸的样品 HCP-CM1M1-4 以及纯苯合成的样品 HCP-CM1M1-5 已经在第 7 章合成与表征过，这里不再具体讨论。

表 8.1　Friedel-Crafts 烷基化反应法合成 HCP-CM（1~5）M1-4 的反应条件[a]

样品	L-CM (mmol)	苯 (mmol)	FDA/FeCl₃ (mmol)	产量 (g)	MPV[b] (cm³/g)	PV[c] (cm³/g)	S_{BET}[d] (m²/g)
HCP-CM1M1-5	0	20	60	2.98	0.311	1.554	1101
HCP-CM1M1-4	5	15	55	1.49	0.205	0.614	664

续表

样品	L-CM （mmol）	苯 （mmol）	FDA/FeCl₃ （mmol）	产量 （g）	MPV[b] （cm³/g）	PV[c] （cm³/g）	S_{BET}[d] （m²/g）
HCP-CM2M1-4	5	15	55	3.05	0.144	0.601	439
HCP-CM3M1-4	5	15	55	1.68	0.114	0.585	591
HCP-CM4M1-4	5	15	50	2.95	0.013	0.087	67
HCP-CM5M1-4	5	15	55	2.04	0.054	0.273	232

[a]　反应条件如 2.5 部分所示。

[b]　在 77.3K 根据 t-Plot 方程计算的微孔体积。

[c]　在 P/P_0 =0.998 和 77.3K 时，根据氮气等温线计算孔体积。

[d]　使用 BET 方程在 77.3K 下根据氮气吸附等温线计算比表面积。

8.1.2　不同手性氨基酸与苯单体交联材料的表征

8.1.2.1　固体 ^{13}C NMR 分析

利用固体 ^{13}C NMR 光谱对材料中的碳元素进行分析，推测材料的分子结构。4 种不同手性添加剂 L-色氨酸（CM2）、L-苯甘氨酸（CM3）、L-酪氨酸（CM4）以及 L-苯丙氨醇（CM5）与苯（M1）交联合成的材料 HCP-CM（2~5）M1-4 以及纯苯合成的材料 HCP-CM1M1-5 的固体 ^{13}C NMR 光谱对比图如图 8.1 所示。其中出现在接近 130 ppm 和 120 ppm 的共振峰可以归属于苯环上取代的芳香碳和未取代的芳香碳，而出现在 36 ppm 附近的共振峰可以归属于参与 Friedel-Crafts 烷基化反应的交联剂 FDA 与苯环连接的亚甲基上的碳（根据不同官能团的性质和针织程度，不同样品的共振峰值略有差异）。共振峰出现在 50 ppm，这是由于在色氨酸、酪氨酸、苯甘氨酸以及苯丙氨醇中碳与 NH₂ 相连。此外，共振峰分别出现在 60 ppm 和 170 ppm，这是由于在苯丙氨醇和氨基酸（色氨酸、酪氨酸、苯甘氨酸）中碳分别与 OH 和 C ═O 相连。这些特征峰在一定程度上说明了不同手性添加剂与苯交联材料的成功制备。

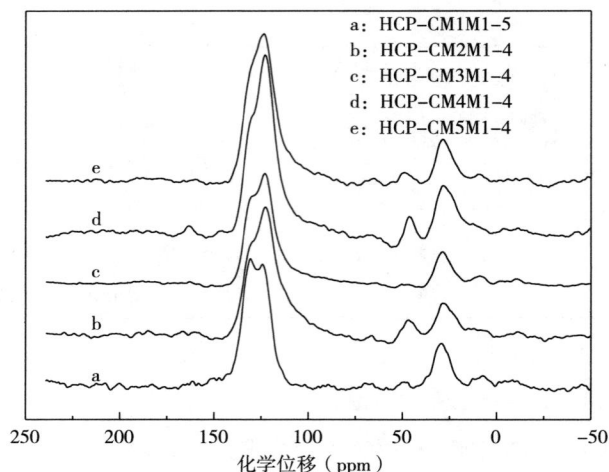

图 8.1 固体^{13}C NMR 图谱

8.1.2.2 红外光谱分析

通过对样品进行 FTIR 光谱分析可以确定材料中的官能团，从而推测材料的分子结构。通过使用溴化钾（KBr）压片进行图谱扫描，4 种不同手性添加剂与苯交联合成的材料（HCP‑CM1M1‑4、HCP‑CM2M1‑4、HCP‑CM3M1‑4、HCP‑CM4M1‑4）以及纯苯合成的材料（HCP‑CM1M1‑5）的 FTIR 光谱如图 8.2 所示．

其中，出现在 1600 cm^{-1}、1500 cm^{-1} 和 1450 cm^{-1} 附近的峰可以归属于材料中芳香环的骨架振动；出现在 2900 cm^{-1} 附近的峰可以归属于材料中连接芳香环的基团—CH$_2$—的伸缩振动；出现在 3300 cm^{-1} 附近的峰可以归属于材料中 O—H 和 N—H 的伸缩振动；苯丙氨醇中 3300 cm^{-1} 附近的峰值远大于苯，可用于验证苯丙氨醇和苯成功绑定；归属于 C ═O 伸缩振动的峰出现在 1744 cm^{-1} 附近且存在于 HCP‑CM2M1‑1、HCP‑CM3M1‑4 和 HCP‑CM4M1‑4 这 3 种样品中但不存在于样品 HCP‑CM1M1‑5 中，可用于验证氨基酸（L‑色氨酸、L‑酪氨酸、L‑苯甘氨酸）与苯的成功结合。综合这些红外分析数据可以确定目标产物被成功合成。

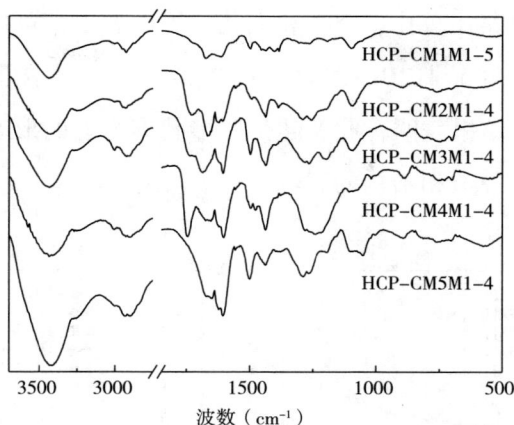

图 8.2　红外对比图

8.1.2.3　比表面积及孔分布分析

　　5 种不同手性添加剂 L-苯丙氨酸、L-色氨酸（CM2）、L-苯甘氨酸（CM3）、L-酪氨酸（CM4）以及 L-苯丙氨醇（CM5）与苯（M1）交联合成的材料的 BET 比表面积及孔分布情况可通过在 77.3 K 温度下氮气吸附和脱附的等温线进行分析，结果如表 8.1 所示。我们可以明显看出，对比纯苯合成的材料 HCP-CM1M1-5，随着手性添加剂的加入，超交联多孔材料的 BET 比表面积显著减小。这说明在此系列超交联多孔材料中，苯的加入对控制多孔结构起着重要作用。图 8.3 描述了典型的HCP-CM1M1-5、HCP-CM2M1-4、HCP-CM3M1-4、HCP-CM4M1-4和 HCP-CM5M1-4 超交联材料的氮气吸附—脱附等温线，表现为"Ⅳ型"等温线和迟滞回线。如图 8.3（a）所示，在较低的相对压力下（$P/P_0 < 0.001$），除 HCP-CM4M1-4 外，吸氮量迅速增加，反映出丰富的微孔结构。此系列超交联多孔材料的氮吸附和脱附等温线中具有轻微的迟滞环，这意味着它们具有轻微的介孔结构。此外，样品 HCP-CM1M1-5、HCP-CM2M1-4、HCP-CM3M1-4 中高压区急剧上升（$P/P_0 = 1$），说明材料中存在大孔隙。如图 8.3（b）所示，孔隙大小分布

也证实了材料中存在微孔、介孔和大孔。可以看出，可供交联剂反应的结合位点较少的样品 HCP-CM4M1-4 的微孔和介孔含量也较其他样品显著降低。这些结果表明，此类超交联多孔聚合物的形态和孔结构可能受到手性添加剂种类和结构的影响。

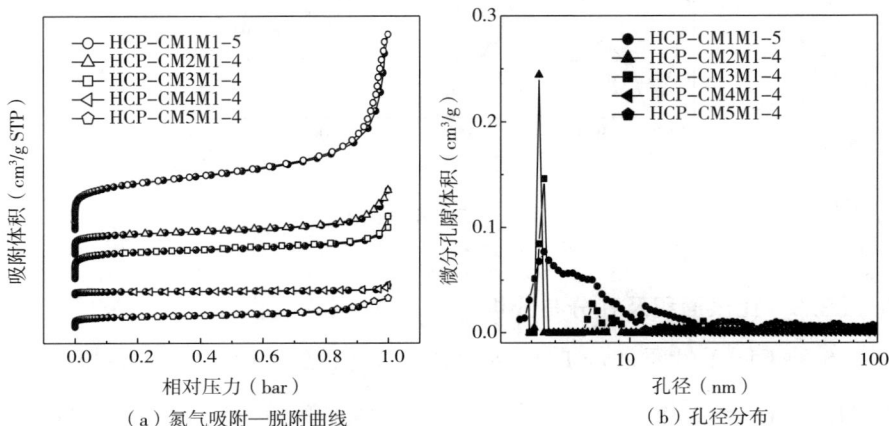

图 8.3　不同手性添加剂与苯交联材料比表面积及孔分布分析

对比 5 种含有不同手性添加剂的材料 HCP-CM（1～5）M1-4 与纯苯合成的材料 HCP-CM1M1-5 的比表面积以及孔径分布，有以下几条规律：

（1）手性添加剂的加入，均大幅度减小了材料的比表面积。这可能是由于手性添加剂中的苯环均带有侧链基团，占用了可供交联剂 FDA 反应的结合位点，当发生交联反应时不如纯苯聚合得紧密。

（2）不同的手性添加剂，对比 CM1～CM4 这 4 种手性单体，可以看出，苯环上的可供交联剂 FDA 反应的结合位点上位阻越大的手性单体作为手性添加剂合成的材料比表面积越小。

（3）一定程度上，对比 CM2 与 CM3 合成材料的孔径分布图，不同的手性添加剂，苯环侧链较大时合成的材料孔径更倾向于集中分布在较小的孔径范围。

（4）同等条件下，对比 CM1 和 CM3 两种手性添加剂，CM1 合成的材料比 CM3 合成的材料比表面积大。这是因为，当手性添加剂为氨基酸时，苯环侧链的羧基（—COOH）为吸电子基，会抑制甚至阻止 Friedel-Crafts 烷基化反应，所以苯环侧链的羧基（—COOH）离苯环越远，对苯环参与 Friedel-Crafts 烷基化反应的影响越弱。

8.1.2.4　热失重分析

4 种不同手性添加剂 L-色氨酸（CM2）、L-苯甘氨酸（CM3）、L-酪氨酸（CM4）以及 L-苯丙氨醇（CM5）与苯（M1）交联合成的材料 HCP-CM（2~5）M1-4 以及纯苯合成的材料 HCP-CM1M1-5 的热学性能可通过热失重分析，结果如图 8.4 所示。样品的 TGA 曲线主要反映了 3 种分解阶段。第一阶段，在 50~100 ℃ 之间的失重可能是由于被吸附的水的脱附。第二阶段，在 100~200 ℃ 之间的失重是由于低聚物的分解。第三阶段，在 200~600 ℃ 之间的失重是由于聚合物网络的断裂和聚合物的热分解。此外，从图中可以看出，不同手性添加剂合成的材料热降解速率不同，残炭率也不同，但总体来看，对比纯苯合成的材料 HCP-CM1M1-5，手性添加剂的加入很大程度上降低了材料的残炭率。

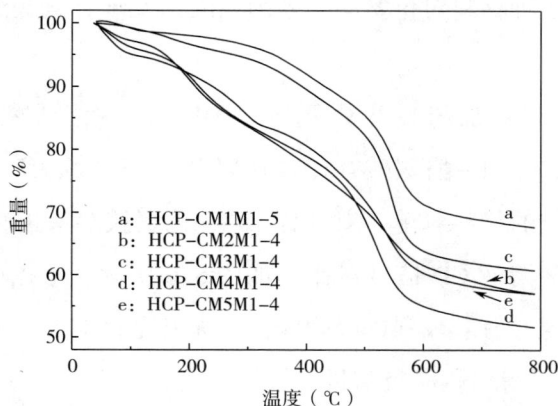

图 8.4　不同手性添加剂与苯交联材料 TGA 分析

8.1.2.5 扫描电镜分析

如图 8.5 所示，4 种不同手性添加剂 L-色氨酸（CM2）、L-苯甘氨酸（CM3）、L-酪氨酸（CM4）以及 L-苯丙氨醇（CM5）与苯（M1）交联合成的材料 HCP-CM（2~5）M1-4 以及纯苯合成的材料 HCP-CM1M1-5 均为无定型网络结构。

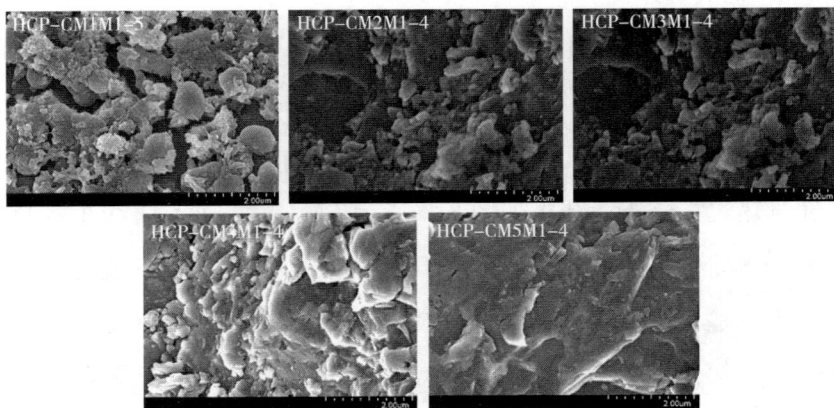

图 8.5　不同手性添加剂与苯交联材料 SEM 分析

8.1.3　手性拆分性能研究

将得到的 5 种材料对色氨酸、苯丙氨酸以及苯甘氨酸 3 种对映体进行吸附。

5 种不同手性添加剂 L-苯丙氨酸（CM1）、L-色氨酸（CM2）、L-苯甘氨酸（CM3）、L-酪氨酸（CM4）以及 L-苯丙氨醇（CM5）与苯（M1）交联合成的材料对单一对映体 D/L-色氨酸溶液进行吸附得到的吸附前后色氨酸溶液 CD 信号对比图如图 8.6 所示。依据图中 CD 信号值，材料对色氨酸有着较强的吸附能力，尤其是针对 L 型对映体，采用式（2-4），便可得出相应吸附量，结果如表 8.2 所示。

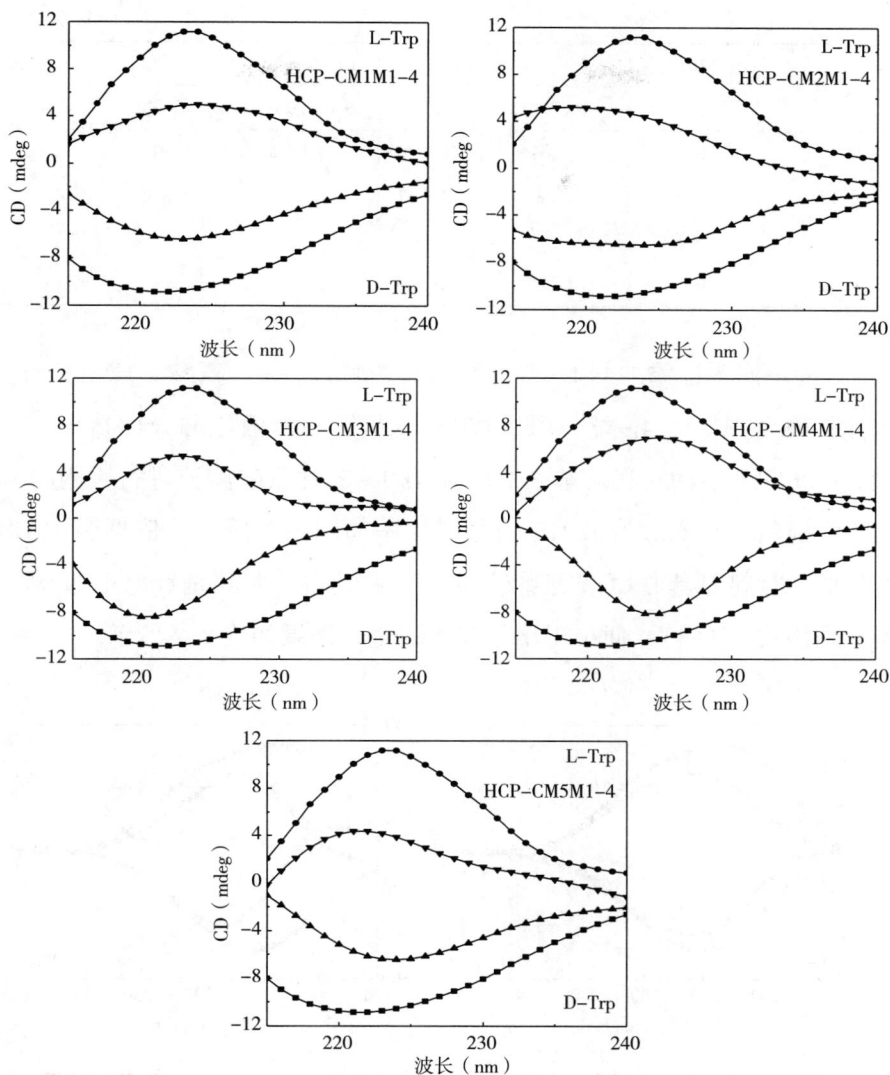

图 8.6　HCP-CM（1~5）M1-4 对 D/L-色氨酸吸附前后 CD 分析

表 8.2　HCP-CM（1~5）M1-4 的吸附结果

种类	浓度	Q_e（mg/g）				
	（mg/mL）	CM1	CM2	CM3	CM4	CM5
D–Trp	0.1	20.91	20.01	11.82	13.64	20.45
L–Trp	0.1	27.68	27.27	25.45	19.57	30.05

续表

种类	浓度 (mg/mL)	Q_e (mg/g)				
		CM1	CM2	CM3	CM4	CM5
D-Phg	0.3	7.61	12.90	11.46	11.46	12.90
L-Phg	0.3	11.88	12.87	13.72	11.88	18.81
D-Glu	0.5	—	3.17	—	—	—
L-Glu	0.5	—	5.63	—	—	—

  5 种不同手性添加剂 L-苯丙氨酸（CM1）、L-色氨酸（CM2）、L-苯甘氨酸（CM3）、L-酪氨酸（CM4）以及 L-苯丙氨醇（CM5）与苯（M1）交联合成的材料对单一对映体 D/L-苯甘氨酸溶液进行吸附得到的吸附前后苯甘氨酸溶液 CD 信号对比图如图 8.7 所示。依据图中 CD 信号值，材料对苯甘氨酸有着较强的吸附能力，尤其是针对 L 型对映体，采用式（2-4），便可得出相应吸附量，结果如表 8.2 所示。

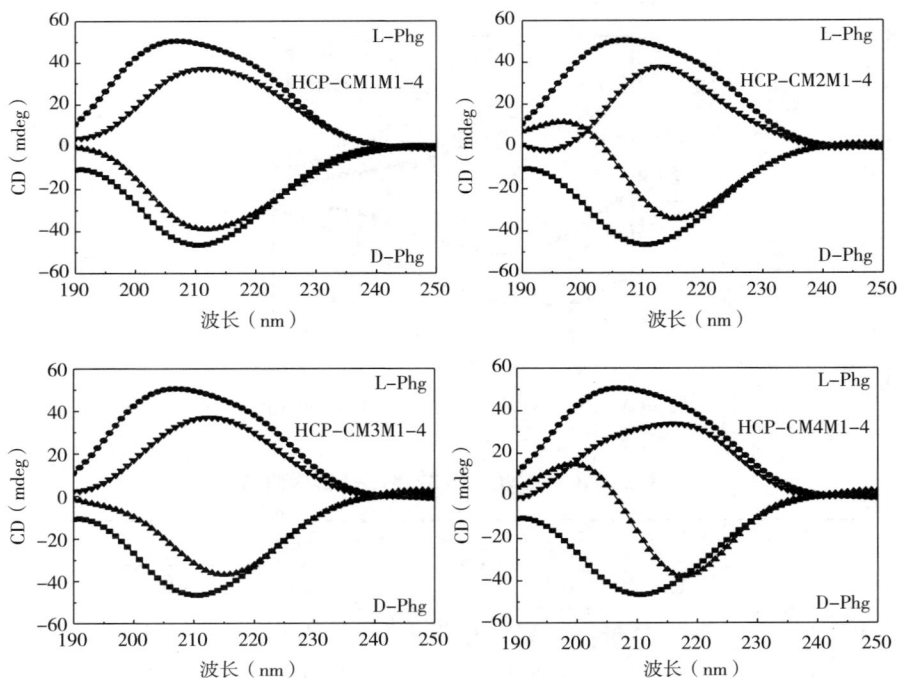

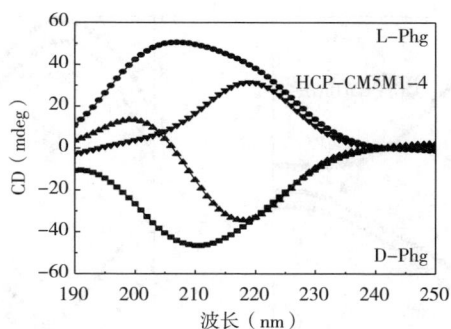

图 8.7　HCP-CM（1~5）M1-4 对 D/L-苯甘氨酸吸附前后 CD 分析

5 种不同手性添加剂 L-苯丙氨酸（CM1）、L-色氨酸（CM2）、L-苯甘氨酸（CM3）、L-酪氨酸（CM4）以及 L-苯丙氨醇（CM5）与苯（M1）交联合成的材料对单一对映体 D/L-谷氨酸溶液进行吸附得到的吸附前后谷氨酸溶液 CD 信号对比图如图 8.8 所示。依据图中 CD 信号值，除了样品 HCP-CM2M1-4 外，其余样品对谷氨酸均无吸附能力，采用式（2-4），便可得出相应吸附量，结果如表 8.2 所示。

8.1.4　手性添加剂结构对合成材料的吸附及手性识别性能的影响

对比 5 种含有不同手性添加剂的材料 HCP-CM（1~5）M1-4 的吸附与识别不同氨基酸的性能，有以下几条规律：

（1）合成材料的比表面积越大，材料对氨基酸的吸附量也越大。

（2）吸附的芳香族氨基酸分子量较大时，材料对其吸附量也会较大。

（3）当吸附体积较小的支链氨基酸谷氨酸时，除了手性添加剂为色氨酸的材料，其余材料均无吸附效果，这可能是由于色氨酸的苯环侧链基团较大，所形成的材料某些部分会更紧密，能够滞留住少量的较小分子氨基酸；也可能是由于疏水性在吸附过程中起着重要作用，而谷氨酸为亲水性氨基酸。

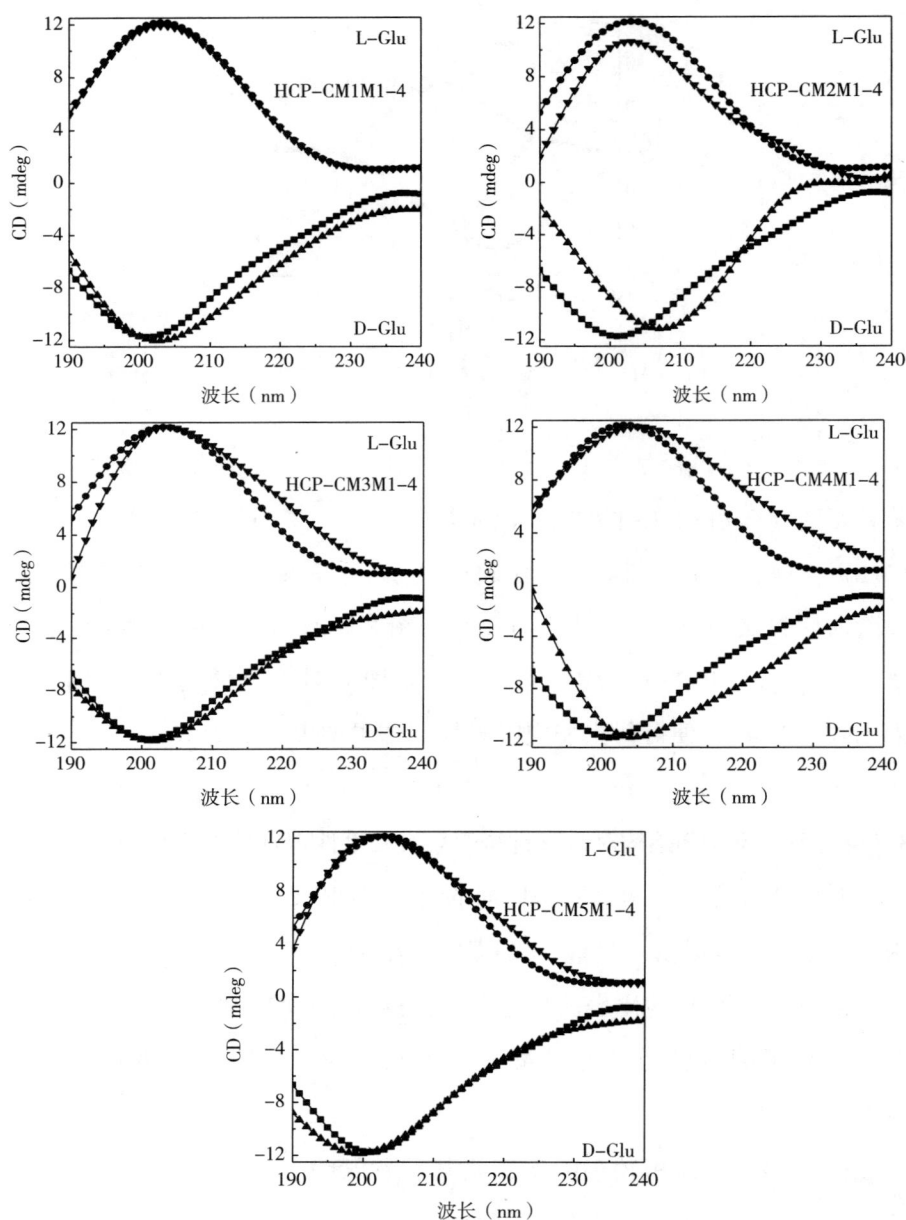

图 8.8　HCP-CM（1~5）M1-4 对 D/L-谷氨酸吸附前后 CD 分析

（4）含有手性添加剂的材料并不是对所有对映体都具有特异性识别作用，有些材料只对某些手性物质表现出选择性吸附的性能，但对于其他物质却不表现出该特质。

（5）有些手性添加剂合成的材料，比如 CM5 合成的材料 HCP-CM5M1-4 比表面积小于 CM1、CM2 以及 CM3 合成的材料 HCP-CM（1~3）M1-4，但其对色氨酸以及苯甘氨酸的吸附及识别性能却相对更好，这是由于手性添加剂可赋予材料特殊性能。

8.2　苯丙氨酸与不同共交联物交联材料的制备及表征

8.2.1　三苯基苯的合成与表征

在本实验中，我们选择用对甲基苯磺酸—水合物催化苯乙酮合成三苯基苯，并通过红外和核磁分析来对其进行表征。

（1）三苯基苯红外图谱分析。通过使用溴化钾（KBr）压片进行红外图谱扫描（图 8.9），与原材料苯乙酮相比，产物三苯基苯的红外光谱有较大变化。其中，出现在 750 cm^{-1} 和 865 cm^{-1} 的峰表示苯环单取代和 1,3,5-三取代，1590 cm^{-1}、1570 cm^{-1} 可以归属于芳香环的骨架振动，3000 cm^{-1} 可以归属于芳环上＝C—H 伸缩振动。

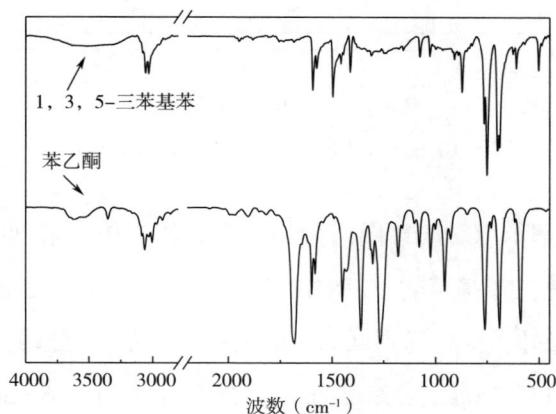

图 8.9　三苯基苯和苯乙酮的 FITR 谱图

（2）三苯基苯^{1}H NMR 图谱分析。以氘代氯仿为溶剂，原料苯乙酮以及合成的单体三苯基苯的^{1}H-NMR 谱图如图 8.10 所示，除 $\delta = 7.25 \sim 7.28$ ppm 的谱峰是溶剂峰外，从高场到低场，依次展现了 4 种类型的峰：$\delta = 7.78$ ppm 的谱峰对应三苯基苯的中心苯环上质子 H_a 的位移，为单重峰；$\delta = 7.67 \sim 7.71$ ppm 的谱峰对应三苯基苯的三个取代苯上最靠近中心苯环质子 H_b 的位移，为多重峰叠加所得；$\delta = 7.44 \sim 7.50$ ppm 的谱峰对应三苯基苯的三个取代苯上第二靠近中心苯环质子 H_c 的位移，为多重峰叠加所得；$\delta = 7.35 \sim 7.41$ ppm 的谱峰对应三苯基苯的三个取代苯上离中心苯环最远质子 H_d 的位移，为多重峰叠加所得。

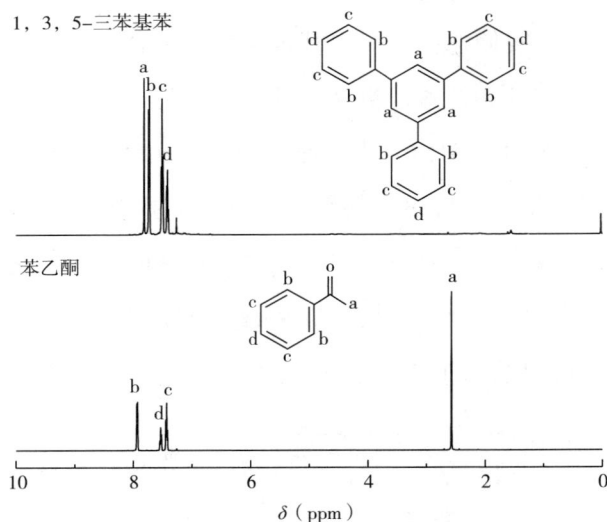

图 8.10　三苯基苯和苯乙酮的^{1}H NMR 谱图

（3）三苯基苯^{13}C NMR 图谱分析。以氘代氯仿为溶剂，原料苯乙酮以及合成的单体三苯基苯的^{13}C-NMR 谱图如图 8.11 所示，除 $\delta = 76.9$ ppm 的谱峰为溶剂峰外，从高场到低场，依次展现了 6 种类型的信号峰，分别为 140.8 ppm、137.5 ppm、129.2 ppm、127.9 ppm、127.6 ppm、125.1 ppm 的谱峰，它们分别对应三苯基苯中位于 c、b、e、d、f、a 的碳。

1，3，5-三苯基苯

苯乙酮

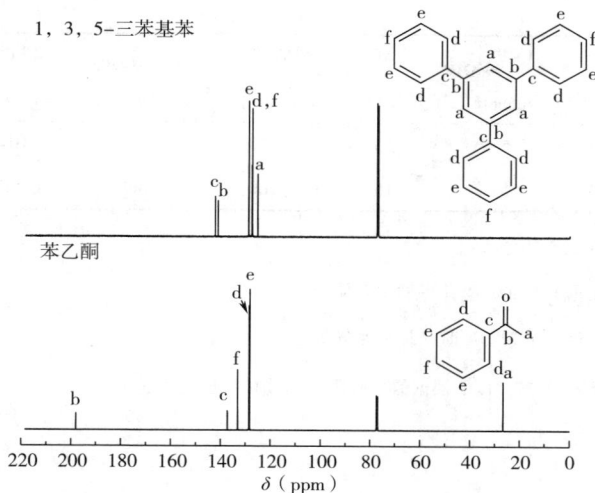

图 8.11　三苯基苯和苯乙酮的 ^{13}C NMR 谱图

8.2.2　苯丙氨酸与不同共交联物交联材料的合成

通过 Friedel-Crafts 烷基化反应，利用不同的非手性芳香单体苯（M1）、三苯基苯（M2）、芘（M3）和 L-苯丙氨酸（CM1）交联，并通过 FITR、固体 ^{13}C NMR、SEM、TGA、N2 吸附脱附等测试方法对这些材料进行结构和性能表征，再通过吸附实验探索手性单体对该类超交联手性多孔材料的吸附与手性识别性能的影响。实验条件及部分实验结果见表 8.3，其中含有手性添加剂 L-苯丙氨酸的样品 HCP-CM1M1-4 以及纯 L-苯丙氨酸合成的样品 HCP-CM1M1-1 已经在第 3 章合成与表征过，这里不再具体讨论。

表 8.3　Friedel-Crafts 烷基化反应合成 HCP-CM1M（1~3）-4 的反应条件[a]

样品	L-Phe（mmol）	M（mmol）	FDA/FeCl$_3$（mmol）	产量（g）	MPV[b]（cm^3/g）	PV[b]（cm^3/g）
HCP-CM1M1-1	20	0	40	0.92	0.021	0.112
HCP-CM1M1-4	5	15	55	1.49	0.205	0.614

续表

样品	L-Phe （mmol）	M （mmol）	FDA/FeCl$_3$ （mmol）	产量 （g）	MPV[b] （cm^3/g）	PV[b] （cm^3/g）
HCP-CM1M2-4	5	15	100	2.35	0.014	0.179
HCP-CM1M3-4	5	15	100	2.47	0.002	0.241

[a] 反应条件如 2.5 部分所示。

[b] 在 77.3K 根据 t-Plot 方程计算的微孔体积。

[c] 在 $P/P_0 = 0.998$ 和 77.3K 时，根据氮气等温线计算孔体积。

[d] 使用 BET 方程在 77.3K 下根据氮气吸附等温线计算比表面积。

8.2.3　苯丙氨酸与不同共交联物交联材料的表征

8.2.3.1　固体^{13}C NMR 分析

利用固体^{13}C NMR 光谱对材料中的碳元素进行分析，推测材料的分子结构。两种非手性共交联物三苯基苯（M2）、芘（M3）和 L-苯丙氨酸（CM1）交联交联合成的材料（HCP-CM1M 2-4 和 HCP-CM1M 3-4）以及纯 L-苯丙氨酸合成的材料（HCP-CM1M1-1）的固体^{13}C NMR 光谱对比图如图 8.12 所示。其中出现在接近 130 ppm 和 120 ppm 的共振峰可以归属于苯环上取代的芳香碳和未取代的芳香碳，而出现在 36 ppm 附近的共振峰可以归属于参与 Friedel-Crafts 烷基化反应的交联剂 FDA 与苯环连接的亚甲基上的碳（根据不同官能团的性质和针织程度，不同样品的共振峰值略有差异）。此外，分别出现在 50 ppm 和 170 ppm 的共振峰是由于在 L-Phe 中碳分别与 NH$_2$ 和 C ═O 相连。这些特征峰在一定程度上说明了非手性共交联物与 L-苯丙氨酸交联材料的成功制备。

8.2.3.2　红外光谱分析

通过对样品进行 FTIR 光谱分析可以确定材料中的官能团，从而推测材料的分子结构。通过使用溴化钾（KBr）压片进行图谱扫描，两种非手性共交联物与 L-苯丙氨酸交联合成的材料（HCP-CM1M2-4 和

HCP-CM1M3-4）以及纯 L-苯丙氨酸合成的材料（HCP-CM1M1-1）的 FTIR 光谱如图 8.13 所示。

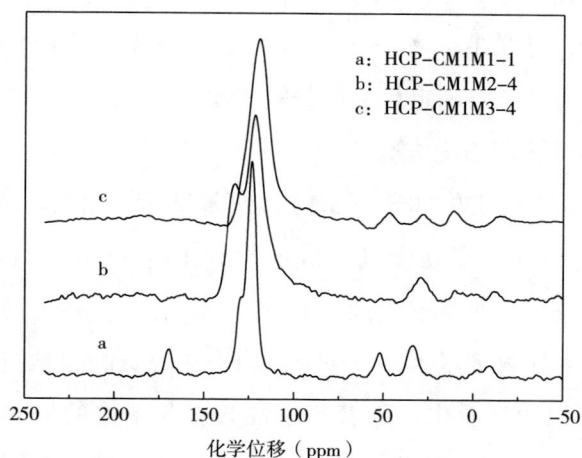

图 8.12　固体 ^{13}C NMR 图谱

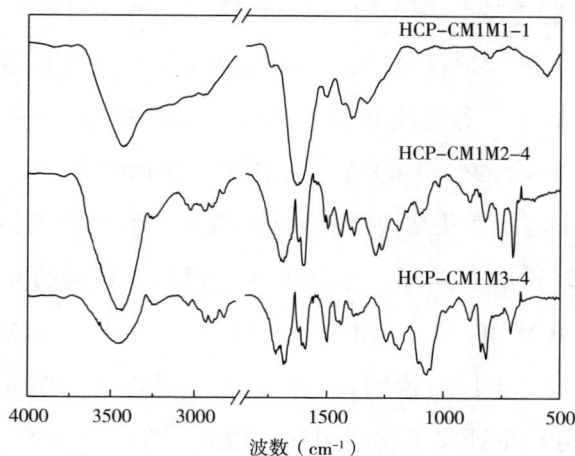

图 8.13　L-苯丙氨酸与与不同非手性共交联单体交联材料 FTIR 图谱

其中，出现在 1600 cm^{-1}、1500 cm^{-1} 和 1450 cm^{-1} 附近的峰可以归属于材料中芳香环的骨架振动，出现在 2900 cm^{-1} 附近的峰可以归属于材料中连接芳香环的基团—CH$_2$—的伸缩振动，出现在 3300 cm^{-1} 附近的峰可以归属于材料中 O—H 和 N—H 的伸缩振动。归属于 C＝O 伸缩振动的峰出现在 1744 cm^{-1} 附近，且存于 HCP－CM1M1－1、HCP－CM1M2－4 和 HCP－CM1M3－4 三种样品中，可用于验证氨基酸 L－苯丙氨酸与非手性共交联单体（三苯基苯、芘）的成功结合。综合这些红外分析数据，我们可以确定目标产物被成功合成。

8.2.3.3　比表面积及孔分布分析

3 种非手性共交联单体苯（M1）、三苯基苯（M2）、芘（M3）和 L－苯丙氨酸（CM1）交联交联合成的材料 HCP－CM1M（1～3）－4 的 BET 比表面积及孔分布情况可通过在 77.3 K 温度下氮气吸附和脱附等温线分析，结果如表 8.3 所示。对比纯 L－苯丙氨酸合成的材料 HCP－CM1M1－1，可以明显看出，随着非手性共交联单体的加入，超交联多孔材料的 BET 比表面积随着非手性共交联单体的结构不同而增加或减小。这说明在此系列超交联多孔材料中，非手性共交联单体的加入对控制多孔结构起着重要作用。图 8.14 描述了典型的 HCP－CM1M1－1、HCP－CM1M2－4 和 HCP－CM1M3－4 超交联材料的氮气吸附—脱附等温线，表现为"Ⅳ型"等温线和迟滞回线。如图 8.14（a）所示，在较低的相对压力下（$P/P_0 < 0.001$），除 HCP－CM1M3－4 外，吸氮量迅速增加，反映出丰富的微孔结构。此系列超交联多孔材料的氮吸附和脱附等温线中具有轻微的迟滞环，这意味着它们具有轻微的介孔结构。此外，样品 HCP－CM1M1－1、HCP－CM1M2－4 和 HCP－CM1M3－4 中高压区急剧上升（$P/P_0 = 1$），说明材料中存在大孔隙。如图 8.14（b）所示，孔隙大小分布也证实了材料中存在微孔、介孔和大孔。可以看出，可供交联剂反应的结合位点空间位阻较大的样品 HCP－CM1M3－4 的微孔和介孔含量也较其他样品显著降低。综合这些结果表明，此类超交联多孔聚合物的形态和孔结构可能受到非手性共交联单体种类和结构的影响。

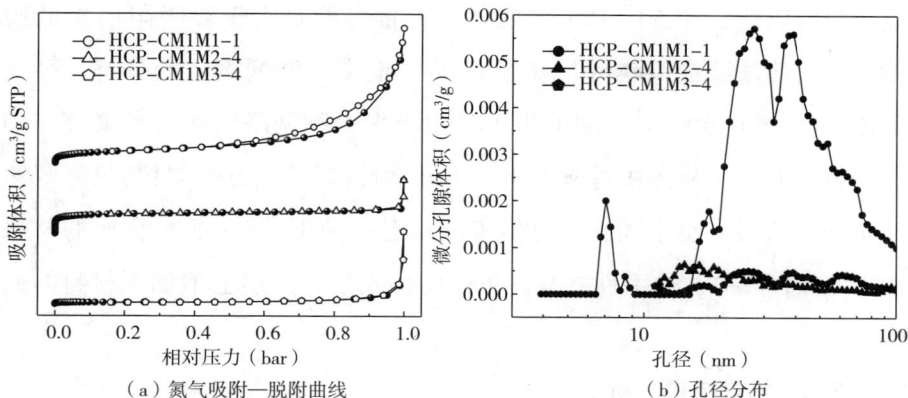

（a）氮气吸附—脱附曲线　　　　（b）孔径分布

图 8.14　L-苯丙氨酸与不同非手性共交联单体交联材料比表面积及孔分布分析

8.2.3.4　热失重分析

　　两种非手性共交联单体三苯基苯（M2）和芘（M3）与 L-苯丙氨酸（CM1）交联合成的材料（HCP-CM1M 2-4 和 HCP-CM1M 3-4）与纯 L-苯丙氨酸合成的材料（HCP-CM1M1-1）的热学性能可通过热失重分析，结果如图 8.15 所示。样品的 TGA 曲线主要反映了 3 种分解阶

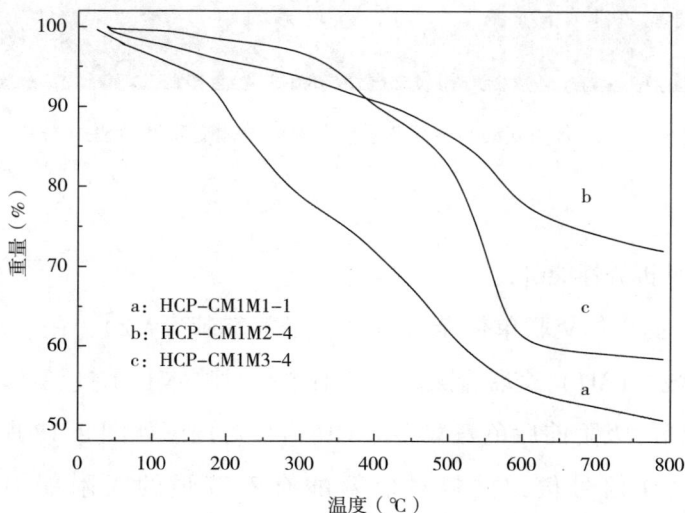

图 8.15　L-苯丙氨酸与不同非手性共交联单体交联材料 TGA 分析

段。第一阶段，在 50～100 ℃ 之间的失重可能是由于被吸附的水的脱附。第二阶段，在 100～200 ℃ 之间的失重是由于低聚物的分解。第三阶段，在 200～600 ℃ 之间的失重是由于聚合物网络的断裂和聚合物的热分解。此外，从图中可以看出，不同手性添加剂合成的材料热降解速率不同，残炭率也不同，但总体来看，对比纯 L-苯丙氨酸合成的材料 HCP-CM1M1-1，非手性共交联单体的加入很大程度上增加了材料的残炭率。

8.2.3.5 扫描电镜分析

如图 8.16 所示，两种非手性共交联单体三苯基苯（M2）和芘（M3）与 L-苯丙氨酸（CM1）交联合成的材料（HCP-CM1M 2-4 和 HCP-CM1M 3-4）与纯 L-苯丙氨酸合成的材料（HCP-CM1M1-1）均为无定型网络结构。

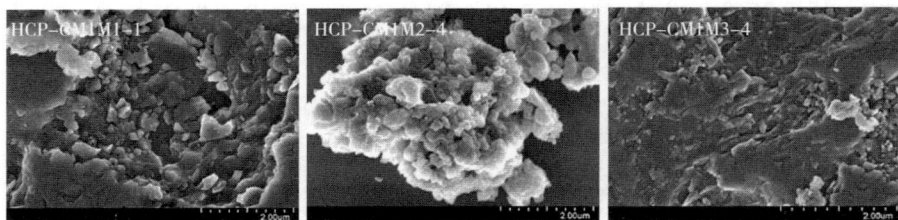

图 8.16　L-苯丙氨酸与不同非手性共交联单体交联材料 SEM 分析

8.2.4　手性拆分性能研究

3 种非手性共交联单体苯（M1）、三苯基苯（M2）、芘（M3）与 L-苯丙氨酸（CM1）交联合成的材料对单一对映体 D/L-色氨酸溶液进行吸附得到的吸附前后色氨酸溶液 CD 信号对比图如图 8.17 所示。根据图中的 CD 信号值，材料对色氨酸有着较强的吸附能力，采用式（2-4）可以得出相应吸附量，结果如表 8.4 所示。

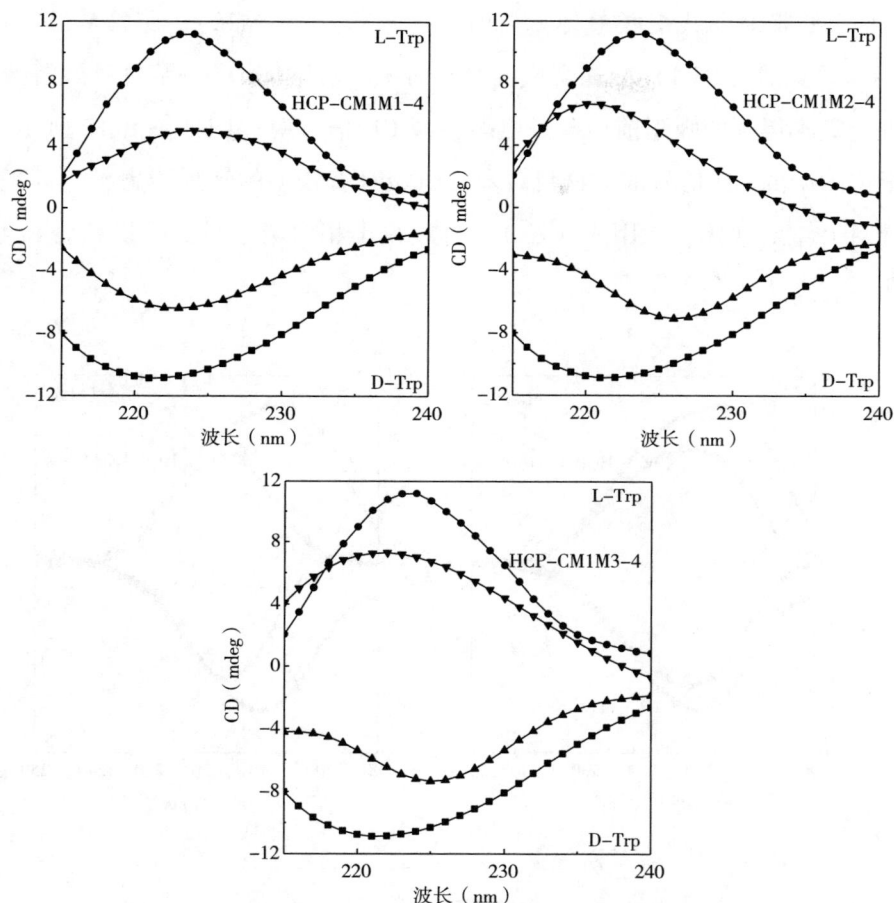

图 8.17　HCP-CM1M（1~3）-4 对 D/L-色氨酸吸附前后 CD 分析

表 8.4　不同共聚物 HCP-CM1M（1~3）-4 对 3 种氨基酸吸附

种类	浓度（mg/mL）	Q_e（mg/g）		
		M1	M2	M3
D-Trp	0.1	20.91	18.18	16.36
L-Trp	0.1	27.68	20	17.39
D-Phg	0.3	7.61	11.46	7.29
L-Phg	0.3	11.88	13.37	9.81
D-Glu	0.5	—	—	–
L-Glu	0.5	—	—	—

　　3 种非手性共交联单体苯（M1）、三苯基苯（M2）、芘（M3）与 L-苯丙氨酸（CM1）交联合成的材料对单一对映体 D/L-苯甘氨酸溶液进行吸附得到的吸附前后苯甘氨酸溶液 CD 信号对比图如图 8.18 所示。根据图中的 CD 信号值，材料对苯甘氨酸有着较强的吸附能力，尤其是针对 L 型对映体，采用式（2-4）可以得出相应吸附量，结果如表 8.4 所示。

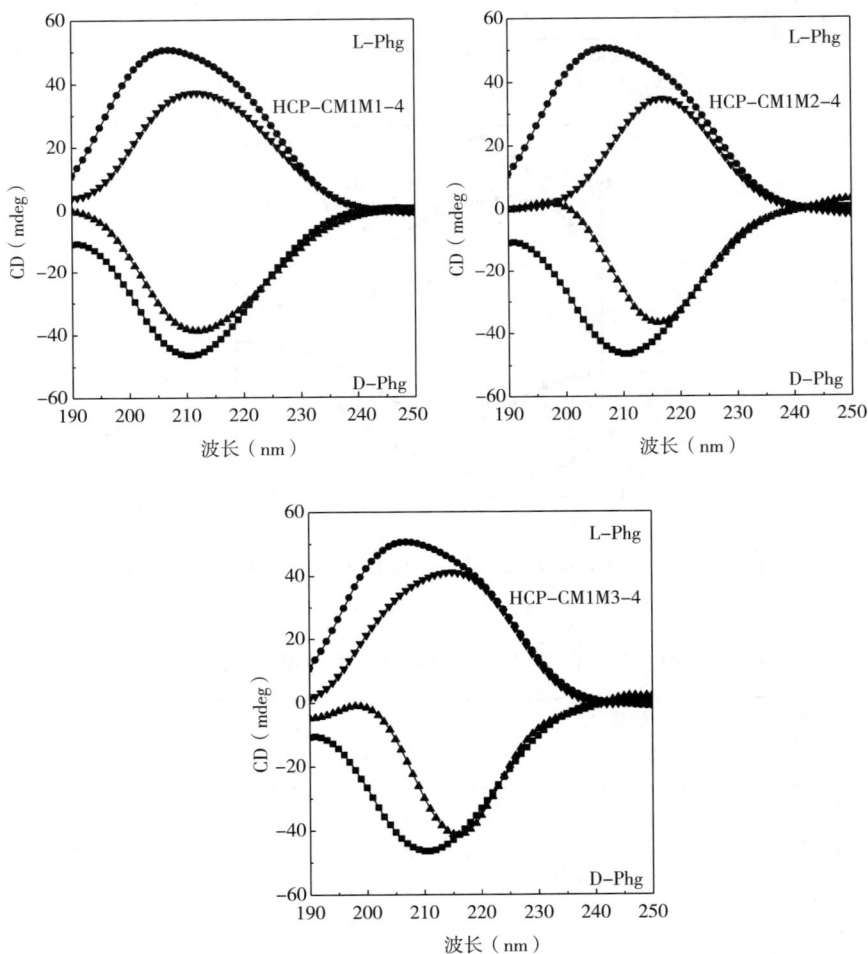

图 8.18　HCP-CM1M（1~3）-4 对 D/L-苯甘氨酸吸附前后 CD 分析

　　3 种不同非手性共交联单体苯（M1）、三苯基苯（M2）、芘（M3）与 L-苯丙氨酸（CM1）交联合成的材料对单一对映体 D/L-谷氨酸溶液进行吸附得到的吸附前后谷氨酸溶液 CD 信号对比图如图 8.19 所示。根据图中的 CD 信号值，材料对谷氨酸似乎没有吸附能力，采用式（2-4）可以得出相应吸附量，结果如表 8.4 所示。

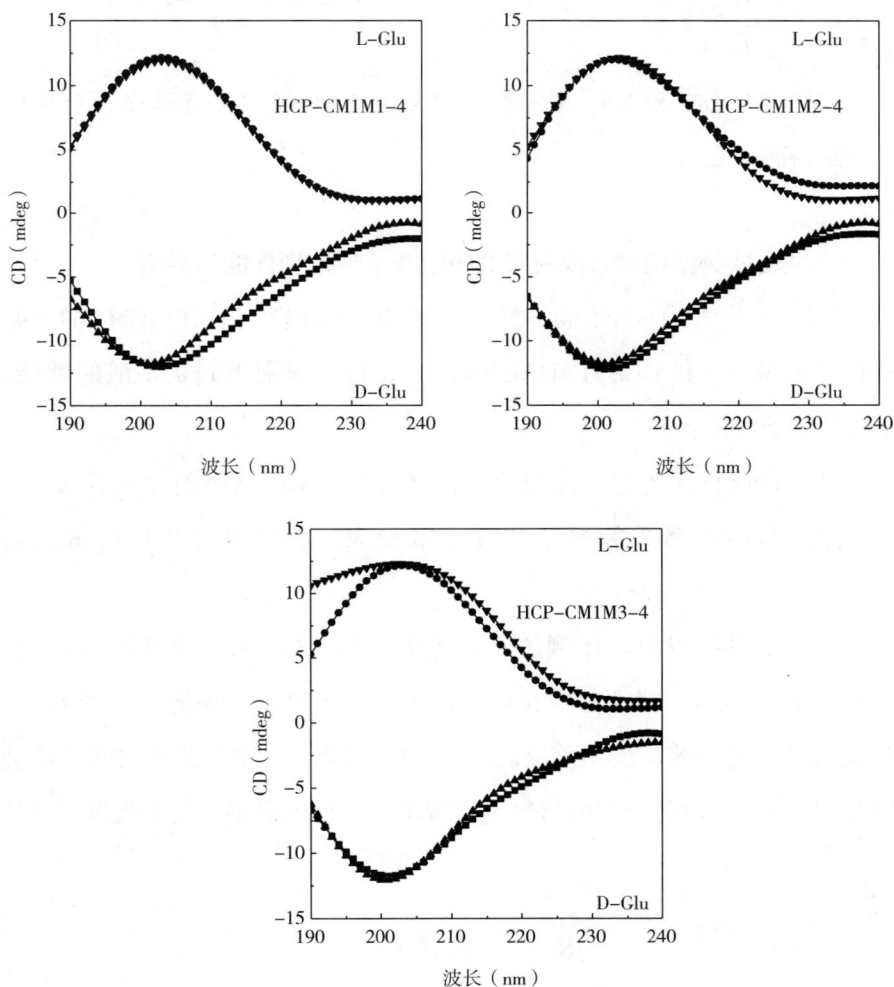

图 8.19　HCP-CM1M（1~3）-4 对 D/L-谷氨酸吸附前后 CD 分析

8.2.5　非手性共聚物结构对合成材料孔结构的影响

对比 3 种含有不同非手性共交联物的材料（HCP–CM1M1–4、HCP–CM1M2–4 和 HCP–CM1M3–4）与纯苯丙氨酸合成的材料（HCP–CM1M1–1）的比表面积以及孔径分布，有以下 2 条规律：

（1）对比 M1 和 M2，非手性共聚物体积越小，合成的材料越紧密，比表面积更大。

（2）对比 M2 和 M3，非手性共聚物可供取代的位置越多，合成的材料比表面积更大。

8.2.6　共交联物结构对合成材料的吸附及手性识别性能的影响

对比 3 种含有不同非手性共交联物的材料（HCP–CM1M1–4、HCP–CM1M2–4 和 HCP–CM1M3–4）的吸附与识别不同氨基酸的性能，有以下 3 条规律：

（1）合成材料的比表面积越大，材料对氨基酸的吸附量也越大。

（2）吸附的芳香族氨基酸分子量较大时，材料对其吸附量也会较大。

（3）苯丙氨酸的苯环侧链上有吸电子基—COOH，会减弱 Friedel–Crafts 烷基化反应，非手性共交联单体 M1、M2 的加入增强了该反应，而 M3 的加入却进一步减弱了该反应。材料中实际引入的手性苯丙氨酸也会因此不同，所以由此合成的材料也表现出不一样的对映体拆分性能。

8.3　本章小结

（1）本章通过红外和核磁等结构表征方法成功合成了非手性共交

联单体三苯基苯，不同手性添加剂与苯的系列超交联手性多孔材料，以及不同非手性共交联单体与 L-苯丙氨酸的系列超交联手性多孔材料。

（2）本章通过红外、核磁、TG、SEM 和 N_2 吸附脱附对合成的一系列材料的结构、热学性能、形貌及其多孔性进行了分析。

（3）通过分析不同组分材料的多孔性，探索交联单体对超交联聚合物多孔性的影响。

（4）将合成的一系列材料对不同氨基酸进行吸附，探索交联单体对合成材料吸附及识别性能的影响。

结　　论

本书设计并合成了不同类型的光学活性聚合物，然后系统研究了聚合条件和聚合方法对聚合物性能的影响，最后考察了手性聚合物的性能。通过实验得出以下结论：

（1）通过酰胺化反应和酯交换反应合成 5 种新单体 *RS*-PEBM、*RR*-PEBM、*SS*-PEBM、*R*-PMBM 和 *R*-BCBMAM，并利用 IR、^{1}H NMR、TG、DSC 及圆二色谱等一系列分析仪器对中间产物和最终产物进行结构解析。

（2）利用自由基聚合的方法合成了性质不同的聚合物，通过红外光谱和核磁共振氢谱探讨了单体在聚合过程中形成不同构象的机理，实验证明：含有相同结构、远离主链的手性碳原子诱导了单体中氢键的链接方式，从而间接地影响了聚合物空间构象的形成。另外，聚合溶剂也对聚合物构象的形成起着一定的作用。

（3）采用自由基聚合的方法，通过改变不同的聚合条件（如聚合溶剂、Lewis 酸的种类及 Lewis 酸的浓度）获得性质不同的聚合物。利用核磁共振碳谱计算在不同条件获得的聚合物的立构规整度，研究表明，含有稀土金属的三氟甲磺酸盐对聚合物的立构规整度有较大的影响；另外，由于 Lewis 酸和易与单体形成氢键的溶剂能够破坏单体间的氢键，因此，它们的加入能够极大影响聚合物的空间构象。

（4）采用自由基聚合的方法，实现手性单体 *RR*-PEBM 和非手性单体 MMA 的共聚。研究表明，聚合溶剂和 MMA 的加入能极大改变共聚物性的主链刚性，从而影响共聚物的性能。利用高效液相色谱考察了两种共聚物的手性识别能力，研究表明含有手性单体 *RR*-PEBM 较多成分的共聚物对三（乙酰丙酮）钴表现出了较好的拆分能力。

（5）采用自由基聚合的方法对单体 R-BCBMAM 进行聚合。研究表明，在三氟乙酸的催化下，P（R-BCBMAM）水解为 P（R-CBMAM）时，P（R-CBMAM）的光学活性与 P（R-BCBMAM）有较大的区别。把这两种聚合物制备成涂敷型高效液相色谱用手性固定相（CSP）时，基于 P（R-BCBMAM）的 CSP 表现出较好的手性拆分能力，且它们都对 1,1'-联-2-萘酚（BINOL）显示出手性识别能力，甚至在 ^{1}H-NMR 中，也可以与 BINOL 发生对映选择作用。

（6）利用可逆加成—断裂链转移（RAFT）聚合法对单体 RR-PEBM 和 SS-PEBM 进行聚合，并成功获得了光学活性不同的均聚物，实现了 RAFT 聚合对光学活性聚合物性质的控制。利用紫外—可见光谱和荧光光谱测试了聚合物对阴离子的识别能力。研究表明，聚合物对 AcO^- 和 $H_2PO_4^-$ 有微弱的识别能力，但对 F^- 的识别能力最强。利用圆二色光谱测试时，其结果是只有 F^- 对聚合物的 Cotton 效应有一定的影响。利用单体 SS-PEBM 在核磁共振氢谱中探讨了聚合物对不同阴离子识别的机理，表明了聚合物在阴离子的作用下酰胺质子形成氢键和去质子化的过程。

（7）以苯丙氨酸、色氨酸、苯甘氨酸、酪氨酸、苯丙氨醇为手性添加剂，苯、三苯基苯、芘为非手性共交联单体，1,2-二氯乙烷（DCE）为反应溶剂，二甲氧基甲烷（FDA）作交联剂，$FeCl_3$ 作为催化剂，基于 Friedel-Crafts 烷基化反应进行超交联聚合反应制备了新型超交联手性多孔材料，该类聚合物具有较高的比表面积。通过对一系列手性氨基酸的特异性识别研究，表明该类手性多孔材料对色氨酸表现出一定的手性识别能力。

参考文献

[1] OKAMOTO Y, NAKANO T. Asymmetric polymerization [J]. Chemical Reviews, 1994, 94 (2): 349-372.

[2] AOKI T, SHINOHARA K I, KANEKO T, et al. Enantioselective permeation of various racemates through an optically active poly {1-[dimethyl (10-pinanyl) silyl]-1-propyne} membrane [J]. Macromolecules, 1996, 29 (12): 4192-4198.

[3] ITSUNO S, PAUL D K, SALAM M A, et al. Main-chain ionic chiral polymers: Synthesis of optically active quaternary ammonium sulfonate polymers and their application in asymmetric catalysis [J]. Journal of the American Chemical Society, 2010, 132 (9): 2864-2865.

[4] TANG Z L, IIDA H, HU H Y, et al. Remarkable enhancement of the enantioselectivity of an organocatalyzed asymmetric henry reaction assisted by helical poly (phenylacetylene) s bearing cinchona alkaloid pendants *via* an amide linkage [J]. ACS Macro Letters, 2012, 1 (2): 261-265.

[5] SONG C, ZHANG C H, WANG F J, et al. Chiral polymeric microspheres grafted with optically active helical polymer chains: A new class of materials for chiral recognition and chirally controlled release [J]. Polymer Chemistry, 2013, 4 (3): 645-652.

[6] HARAGUCHI N, KIYONO H, TAKEMURA Y, et al. Design of main-chain polymers of chiral imidazolidinone for asymmetric organocatalysis application [J]. Chemical Communications, 2012, 48 (33): 4011-4013.

[7] IIDA H, IWAHANA S, MIZOGUCHI T, et al. Main－chain optically active riboflavin polymer for asymmetric catalysis and its vapochromic behavior [J]. Journal of the American Chemical Society, 2012, 134 (36): 15103-15113.

[8] WANG R, LI X F, BAI J W, et al. Chiroptical and thermotropic properties of helical styrenic polymers: Effect of achiral group [J]. Macromolecules, 2014, 47 (5): 1553-1562.

[9] CHEUK K K L, LAM J W Y, LI B S, et al. Decorating conjugated polymer chains with naturally occurring molecules: synthesis, solvatochromism, chain helicity, and biological activity of sugar－containing poly (phenylacetylene) s [J]. Macromolecules, 2007, 40 (8): 2633-2642.

[10] GREEN M M, JHA S K. The road to chiral amplification in polymers originated in Italy [J]. Chirality, 1997, 9 (5/6): 424-427.

[11] ZHI J G, ZHU Z G, LIU A H, et al. Odd－even effect in free radical polymerization of optically active 2, 5-bis [(4′-alkoxycarbonyl)-phenyl] styrene [J]. Macromolecules, 2008, 41 (5): 1594-1597.

[12] TIAN Y, LU W, CHE Y, et al. Synthesis and characterization of macroporous silica modified with optically active poly [N-(oxazolinyl-phenyl) acrylamide] derivatives for potential application as chiral stationary phases [J]. Journal of Applied Polymer Science, 2010, 115 (2): 999-1007.

[13] ZHANG C H, LIU F B, GENG Q Q, et al. Synthesis of a novel one-handed helical poly (phenylacetylene) bearing poly (l-lactide) side chains [J]. European Polymer Journal, 2011, 47 (10): 1923-1930.

［14］ KAKUCHI R，NAGATA S，SAKAI R，et al. Size－specific，colori-metric detection of counteranions by using helical poly（phenylacety-lene）conjugated to L－leucine groups through urea acceptors ［J］. Chemistry，2008，14（33）：10259-10266.

［15］ XU X D，FENG S W，ZHU Y Q，et al. Stereospecific radical poly-merization of optically active （S）－N－（2－hydroxy－1－phenylethyl）methacrylamide catalyzed by Lewis acids ［J］. European Polymer Jour-nal，2013，49（11）：3673-3680.

［16］ YU Z N，WAN X H，ZHANG H L，et al. A free radical initiated op-tically active vinyl polymer with memory of chirality after removal of the inducing stereogenic center ［J］. Chemical Communications，2003（8）：974-975.

［17］ CUI J X，LU X C，LIU A H，et al. Long－range chirality transfer in free radical polymerization of bulky vinyl monomers containing laterally attached p－terphenyl groups ［J］. Macromolecules，2009，42（20）：7678-7688.

［18］ WU X J，JI S J，LI Y，et al. Helical transfer through nonlocal inter-actions ［J］. Journal of the American Chemical Society，2009，131（16）：5986-5993.

［19］ LIU L X，LI W，LIU K，et al. Comblike thermoresponsive polymers with sharp transitions：Synthesis，characterization，and their use as sensitive colorimetric sensors ［J］. Macromolecules，2011，44（21）：8614-8621.

［20］ DENG J P，TABEI J，SHIOTSUKI M，et al. Synthesis and characteri-zation of poly（N－propargylsulfamides）［J］. Macromolecules，2004，37（15）：5538-5543.

［21］ DENG J P, ZHAO W G, YANG W T. Synthesis of novel mono-substituted polyacetylenes bearing functional urea groups in side chains ［J］. Reactive and Functional Polymers, 2007, 67 (9): 828-835.

［22］ ZHANG C H, WANG H L, GENG Q Q, et al. Synthesis of helical Poly (phenylacetylene) s with amide linkage bearing l-Phenylalanine and l-Phenylglycine ethyl ester pendants and their applications as chiral stationary phases for HPLC ［J］. Macromolecules, 2013, 46 (21): 8406-8415.

［23］ ZHANG C H, LIU F B, LI Y F, et al. Influence of stereoregularity and linkage groups on chiral recognition of poly (phenylacetylene) derivatives bearing L-leucine ethyl ester pendants as chiral stationary phases for HPLC ［J］. Journal of Polymer Science A Polymer Chemistry, 2013, 51 (10): 2271-2278.

［24］ PINO P, LORENZI G P. Optically active vinyl polymers. ii. The optical activity of isotactic and block polymers of optically active α-olefins in dilute hydrocarbon solution ［J］. Journal of the American Chemical Society, 1960, 82 (17): 4745-4747.

［25］ PINO P, CIARDELLI F, MONTAGNOLI G, et al. On the relationship between monomer optical purity and polymer rotatory power in some linear poly-α-olefines ［J］. Journal of Polymer Science Part B: Polymer Letters, 1967, 5 (4): 307-311.

［26］ ZHU Z G, CUI J X, ZHANG J, et al. Hydrogen bonding of helical vinyl polymers containing alanine moieties: A stabilized interaction of helical conformation sensitive to solvents and pH ［J］. Polymer Chemistry, 2012, 3 (3): 668-678.

［27］ ZHI J G, GUAN Y, CUI J X, et al. Synthesis and characterization of optically active helical vinyl polymers *via* free radical polymerization [J]. Journal of Polymer Science Part A：Polymer Chemistry, 2009, 47（9）：2408-2421.

[28] XU Y D, QU W, YANG Q, et al. Synthesis and characterization of mesogen-jacketed liquid crystalline polymers through hydrogen-bonding [J]. Macromolecules, 2012, 45（6）：2682-2689.

[29] LIU A H, ZHI J G, CUI J X, et al. Thermotropic and chiroptical properties of poly ｛（+）-2, 5-bis［4-（（S）-2-methylbutoxy）phenyl］styrene｝ and its random copolymer with polystyrene [J]. Macromolecules, 2007, 40（23）：8233-8243.

[30] CUI J X, ZHANG J, WAN X H. Unexpected stereomutation dependence on the chemical structure of helical vinyl glycopolymers [J]. Chemical Communications, 2012, 48（36）：4341-4343.

[31] OKAMOTO Y, SUZUKI K, OHTA K, et al. Optically active poly（triphenylmethyl methacrylate）with one-handed helical conformation [J]. Journal of the American Chemical Society, 1979, 101（16）：4763-4765.

[32] NAKANO T, OKAMOTO Y, HATADA K. Asymmetric polymerization of triphenylmethyl methacrylate leading to a one-handed helical polymer：Mechanism of polymerization [J]. Journal of the American Chemical Society, 1992, 114（4）：1318-1329.

[33] NAKANO T, MATSUDA A, OKAMOTO Y. Pronounced effects of temperature and monomer concentration on isotactic specificity of triphenylmethyl methacrylate polymerization through free radical mechanism. Thermodynamic versus kinetic control of propagation stereochemistry [J]. Polymer Journal, 1996, 28（6）：556-558.

[34] OKAMOTO Y, SUZUKI K, YUKI H. Asymmetric polymerization of triphenylmethyl methacrylate by optically active anionic catalysts [J]. Journal of Polymer Science: Polymer Chemistry Edition, 1980, 18 (10): 3043-3051.

[35] NAKANO T. Optically active synthetic polymers as chiral stationary phases in HPLC [J]. Journal of Chromatography A, 2001, 906 (1/2): 205-225.

[36] NAKANO T, TANIGUCHI K, OKAMOTO Y. Asymmetric polymerization of diphenyl-3-pyridylmethyl methacrylate leading to optically active polymer with helical conformation and chiral recognition ability of the polymer [J]. Polymer Journal, 1997, 29 (6): 540-544.

[37] OKAMOTO Y, MOHRI H, NAKANO T, et al. Helix-sense-selective polymerization of diphenyl-2-pyridylmethyl methacrylate with chiral anionic initiators [J]. Chirality, 1991, 3 (4): 277-284.

[38] MILLICH F, BAKER G K. Polyisonitriles. Ⅲ. synthesis and racemization of optically active poly (α-phenylethylisonitrile) [J]. Macromolecules, 1969, 2 (2): 122-128.

[39] NOLTE R J M, VAN BEIJNEN A J M, DRENTH W. Chirality in polyisocyanides [J]. Journal of the American Chemical Society, 1974, 96 (18): 5932-5933.

[40] GREEN M M, GROSS R A, SCHILLING F C, et al. Macromolecular stereochemistry: Effect of pendant group structure on the conformational properties of polyisocyanides [J]. Macromolecules, 1988, 21 (6): 1839-1846.

[41] GREEN M M, GROSS R A, CROSBY I, et al. Macromolecular stereochemistry: The effect of pendant group structure on the axial dimension

of polyisocyanates [J]. Macromolecules, 1987, 20 (5): 992-999.

[42] KOLLMAR C, HOFFMANN R. Polyisocyanides: Electronic or steric reasons for their presumed helical structure? [J]. Journal of the American Chemical Society, 1990, 112 (23): 8230-8238.

[43] PINI D, IULIANO A, SALVADORI P. Synthesis and CD spectra of isocyanide polymers: Some new aspects about their stereochemistry [J]. Macromolecules, 1992, 25 (22): 6059-6062.

[44] CLERICUZIO M, ALAGONA G, GHIO C, et al. Theoretical investigations on the structure of poly (iminomethylenes) with aliphatic side chains. conformational studies and comparison with experimental spectroscopic data [J]. Journal of the American Chemical Society, 1997, 119 (5): 1059-1071.

[45] GOODMAN M, CHEN S C. Optically active polyisocyanates [J]. Macromolecules, 1970, 3 (4): 398-402.

[46] PATTEN T E, NOVAK B M. "Living" titanium (IV) catalyzed coordination polymerizations of isocyanates [J]. Journal of the American Chemical Society, 1991, 113 (13): 5065-5066.

[47] SANDA F, TAKATA T, ENDO T. Synthesis of a novel optically active nylon-1 polymer: Anionic polymerization of L-leucine methyl ester isocyanate [J]. Journal of Polymer Science Part A: Polymer Chemistry, 1995, 33 (14): 2353-2358.

[48] MAEDA K, OKAMOTO Y. Synthesis and conformation of optically active Poly (phenyl isocyanate) s bearing an ((S)-(α-Methylbenzyl) carbamoyl) group [J]. Macromolecules, 1998, 31 (4): 1046-1052.

[49] MAEDA K, OKAMOTO Y. Synthesis and conformational characteristics of Poly (phenyl isocyanate) s bearing an optically active ester

group [J]. Macromolecules, 1999, 32 (4): 974-980.

[50] GREEN M M, ANDREOLA C, MUNOZ B, et al. Macromolecular stereochemistry: A cooperative deuterium isotope effect leading to a large optical rotation [J]. Journal of the American Chemical Society, 1988, 110 (12): 4063-4065.

[51] CIARDELLI F, LANZILLO S, PIERONI O. Optically active polymers of 1-alkynes [J]. Macromolecules, 1974, 7 (2): 174-179.

[52] MOORE J S, GORMAN C B, GRUBBS R H. Soluble, chiral poly-acetylenes: Syntheses and investigation of their solution conformation [J]. Journal of the American Chemical Society, 1991, 113 (5): 1704-1712.

[53] YASHIMA E, HUANG S L, MATSUSHIMA T, et al. Synthesis and conformational study of optically active poly (phenylacetylene) derivatives bearing a bulky substituent [J]. Macromolecules, 1995, 28 (12): 4184-4193.

[54] PERCEC V, OBATA M, RUDICK J G, et al. Synthesis, structural analysis, and visualization of poly (2-ethynyl-9-substituted carbazole) s and poly (3-ethynyl-9-substituted carbazole) s containing chiral and achiral minidendritic substituents [J]. Journal of Polymer Science Part A: Polymer Chemistry, 2002, 40 (20): 3509-3533.

[55] PERCEC V, RUDICK J G, PETERCA M, et al. Thermoreversible cis-cisoidal to cis-transoidal isomerization of helical dendronized poly-phenylacetylenes [J]. Journal of the American Chemical Society, 2005, 127 (43): 15257-15264.

[56] PERCEC V, RUDICK J G, PETERCA M, et al. Synthesis, structural analysis, and visualization of a library of dendronized polyphenylace-

tylenes [J]. Chemistry, 2006, 12 (22): 5731-5746.

[57] PERCEC V, PETERCA M, RUDICK J G, et al. Self-assembling phenylpropyl ether dendronized helical polyphenylacetylenes [J]. Chemistry, 2007, 13 (34): 9572-9581.

[58] PERCEC V, AQAD E, PETERCA M, et al. Steric communication of chiral information observed in dendronized polyacetylenes [J]. Journal of the American Chemical Society, 2006, 128 (50): 16365-16372.

[59] RUDICK J G, PERCEC V. Helical chirality in dendronized polyarylacetylenes [J]. New Journal of Chemistry, 2007, 31 (7): 1083-1096.

[60] PERCEC V, RUDICK J G, PETERCA M, et al. Synthesis, structural, and retrostructural analysis of helical dendronized poly (1-naphthylacetylene) s [J]. Journal of Polymer Science Part A: Polymer Chemistry, 2007, 45 (21): 4974-4987.

[61] RUDICK J G, PERCEC V. Induced helical backbone conformations of self-organizable dendronized polymers [J]. Accounts of Chemical Research, 2008, 41 (12): 1641-1652.

[62] RUDICK J G, PERCEC V. Nanomechanical function made possible by suppressing structural transformations of polyarylacetylenes [J]. Macromolecular Chemistry and Physics, 2008, 209 (17): 1759-1768.

[63] NOMURA R, FUKUSHIMA Y, NAKAKO H, et al. Conformational study of helical poly (propiolic esters) in solution [J]. Journal of the American Chemical Society, 2000, 122 (37): 8830-8836.

[64] LAM J W Y, TANG B Z. Functional polyacetylenes [J]. Accounts of Chemical Research, 2005, 38 (9): 745-754.

[65] MAEDA K, KAMIYA N, YASHIMA E. Poly (phenylacetylene) s bearing a peptide pendant: Helical conformational changes of the poly-

mer backbone stimulated by the pendant conformational change [J]. Chemistry, 2004, 10 (16): 4000-4010.

[66] DENG J P, LUO X F, ZHAO W G, et al. A novel type of optically active helical polymers: Synthesis and characterization of poly (N-propargylureas) [J]. Journal of Polymer Science Part A: Polymer Chemistry, 2008, 46 (12): 4112-4121.

[67] LUO X F, CHANG J, DENG J P, et al. Synthesis and characterization of poly (N-propargylurea) s with helical conformation, optical activity and fluorescence properties [J]. Reactive and Functional Polymers, 2010, 70 (2): 116-121.

[68] DENG J P, TABEI J, SHIOTSUKI M, et al. Conformational transition between random coil and helix of poly (N-propargylamides) [J]. Macromolecules, 2004, 37 (5): 1891-1896.

[69] DENG J P, TABEI J, SHIOTSUKI M, et al. Dynamically stable helices of poly (N-propargylamides) with bulky aliphatic groups [J]. Macromolecules, 2004, 37 (14): 5149-5154.

[70] DENG J P, TABEI J, SHIOTSUKI M, et al. Effects of steric repulsion on helical conformation of poly (N-propargylamides) with phenyl groups [J]. Macromolecules, 2004, 37 (19): 7156-7162.

[71] LI L, LUO X F, CHANG X, et al. A novel type of mono-substituted polyacetylene: Synthesis and characterization of poly (N-propargylthiourea) s [J]. Designed Monomers and Polymers, 2011, 14 (2): 143-154.

[72] SONG C, LI L, WANG F J, et al. Novel optically active helical poly (N-propargylthiourea) s: Synthesis, characterization and complexing ability toward Fe (iii) ions [J]. Polymer Chemistry, 2011, 2 (12):

2825-2829.

[73] ZHANG Z G, DENG J P, ZHAO W G, et al. Synthesis of optically active poly (*N*-propargylsulfamides) with helical conformation [J]. Journal of Polymer Science Part A: Polymer Chemistry, 2007, 45 (3): 500-508.

[74] NAITO M, NOBUSAWA K, ONOUCHI H, et al. Stiffness-and conformation-dependent polymer wrapping onto single-walled carbon nanotubes [J]. Journal of the American Chemical Society, 2008, 130 (49): 16697-16703.

[75] KIM S Y, SAXENA A, KWAK G, et al. Cooperative C—F···Si interaction in optically active helical polysilanes [J]. Chem Commun, 2004 (5): 538-539.

[76] FUJIKI M. Optically active polysilylenes: State-of-the-art chiroptical polymers [J]. Macromolecular Rapid Communications, 2001, 22 (8): 539-563.

[77] FUJIKI M. Ideal exciton spectra in single-and double-screw-sense helical polysilanes [J]. Journal of the American Chemical Society, 1994, 116 (13): 6017-6018.

[78] HOSKINS B F, ROBSON R. Design and construction of a new class of scaffolding-like materials comprising infinite polymeric frameworks of 3D-linked molecular rods [J]. Journal of the American Chemical Society, 1990, 112 (4): 1546-1554.

[79] ROBSON R, ABRAHAMS B F, BATTEN S R, et al. Supramolecular architecture: synthetic control in thin films and solids [J]. ACS Symposium Series, 1992, 499: 256-273.

[80] LIU Y, XUAN W M, CUI Y. Engineering homochiral metal-organic

frameworks for heterogeneous asymmetric catalysis and enantioselective separation [J]. Advanced Materials, 2010, 22 (37): 4112-4135.

[81] XIANG S-C, ZHANG Z J, ZHAO C-G, et al. Rationally tuned micropores within enantiopure metal-organic frameworks for highly selective separation of acetylene and ethylene [J]. Nature Communications, 2011, 2: 204.

[82] LI H Y, HUANG F P, JIANG Y M, et al. Two 3D noninterpenetrated chiral coordination polymers with uniform (103)-srs and (42.63.8)-sra nets [J]. Inorganica Chimica Acta, 2009, 362 (6): 1867-1871.

[83] VAIDHYANATHAN R, BRADSHAW D, REBILLY J N, et al. A family of nanoporous materials based on an amino acid backbone [J]. Angewandte Chemie (International Ed), 2006, 45 (39): 6495-6499.

[84] TANAKA D, KITAGAWA S. Template effects in porous coordination polymers [J]. Chemistry of Materials, 2008, 20 (3): 922-931.

[85] WANG X W, HAN L, CAI T J, et al. A novel chiral doubly folded interpenetrating 3D metal-organic framework based on the flexible zwitterionic ligand [J]. Crystal Growth & Design, 2007, 7 (6): 1027-1030.

[86] MA L Q, FALKOWSKI J M, ABNEY C, et al. A series of isoreticular chiral metal-organic frameworks as a tunable platform for asymmetric catalysis [J]. Nature Chemistry, 2010, 2 (10): 838-846.

[87] WALLER P J, GÁNDARA F, YAGHI O M. Chemistry of covalent organic frameworks [J]. Accounts of Chemical Research, 2015, 48 (12): 3053-3063.

[88] FENG X, DING X S, JIANG D L. Covalent organic frameworks

［J］. Chemical Society Reviews，2012，41（18）：6010.

［89］ DING S Y，WANG W. Covalent organic frameworks（COFs）：From design to applications［J］. Chemical Society Reviews，2013，42（2）：548-568.

［90］ CHEN X，ADDICOAT M，JIN E Q，et al. Designed synthesis of double-stage two-dimensional covalent organic frameworks［J］. Scientific Reports，2015，5：14650.

［91］ HAN X，HUANG J J，YUAN C，et al. Chiral 3D covalent organic frameworks for high performance liquid chromatographic enantioseparation［J］. Journal of the American Chemical Society，2018，140（3）：892-895.

［92］ WANG B，CHI C，SHAN W，et al. Chiral mesostructured silica nanofibers of MCM-41［J］. Angewandte Chemie（International Ed），2006，45（13）：2088-2090.

［93］ ZHANG Q H，LÜ F，LI C L，et al. An efficient synthesis of helical mesoporous silica nanorods［J］. Chemistry Letters，2006，35（2）：190-191.

［94］ QIU H B，CHE S N. Formation mechanism of achiral amphiphile-templated helical mesoporous silicas［J］. The Journal of Physical Chemistry B，2008，112（34）：10466-10474.

［95］ QIU H B，CHE S N. Chiral mesoporous silica：Chiral construction and imprinting *via* cooperative self-assembly of amphiphiles and silica precursors［J］. Chemical Society Reviews，2011，40（3）：1259-1268.

［96］ FAN N，LIU R Z，MA P P，et al. The On-Off chiral mesoporous silica nanoparticles for delivering achiral drug in chiral environment［J］. Colloids and Surfaces B：Biointerfaces，2019，176：122-129.

［97］ DICKEY F H. The preparation of specific adsorbents ［J］. Proceedings of the National Academy of Sciences of the United States of America, 1949, 35 (5): 227-229.

［98］ VLATAKIS G, ANDERSSON L I, MÜLLER R, et al. Drug assay using antibody mimics made by molecular imprinting ［J］. Nature, 1993, 361 (6413): 645-647.

［99］ ARSHADY R, MOSBACH K. Synthesis of substrate – selective polymers by host-guest polymerization ［J］. Die Makromolekulare Chemie, 1981, 182 (2): 687-692.

［100］ 张巧珍, 师晋生, 邓启良, 等. 分子印迹聚合物 ［J］. 材料导报, 2003 (S1): 194-196.

［101］ LIN J M, NAKAGAMA T, UCHIYAMA K, et al. Molecularly imprinted polymer as chiral selector for enantioseparation of amino acids by capillary gel electrophoresis ［J］. Chromatographia, 1996, 43 (11): 585-591.

［102］ MEDINA D D, GOLDSHTEIN J, MARGEL S, et al. Enantioselective crystallization on chiral polymeric microspheres ［J］. Advanced Functional Materials, 2007, 17 (6): 944-950.

［103］ XU J X, CHEN G J, YAN R, et al. One-stage synthesis of cagelike porous polymeric microspheres and application as catalyst scaffold of Pd nanoparticles ［J］. Macromolecules, 2011, 44 (10): 3730-3738.

［104］ FAN J B, HUANG C, JIANG L, et al. Nanoporous microspheres: From controllable synthesis to healthcare applications ［J］. Journal of Materials Chemistry B, 2013, 1 (17): 2222-2235.

［105］ LIU Q Q, WANG L, XIAO A G, et al. Templated preparation of porous magnetic microspheres and their application in removal of cationic dyes from wastewater ［J］. Journal of Hazardous Materials, 2010, 181 (1/2/3): 586-592.

［106］ LIU D, DENG J P, YANG W T. A facile method for preparing porous, optically active, magnetic Fe3 O4 @ poly (N-acryloyl-leucine) inverse core/shell composite microspheres ［J］. Macromolecular Rapid Communications, 2014, 35 (1): 91-96.

［107］ FU W G, ZHANG R C, LI B H, et al. Hydrogen bond interaction and dynamics in PMMA/PVPh polymer blends as revealed by advanced solid-state NMR ［J］. Polymer, 2013, 54 (1): 472-479.

［108］ OKAMOTO Y, IKAI T. Chiral HPLC for efficient resolution of enantiomers ［J］. Chemical Society Reviews, 2008, 37 (12): 2593-2608.

［109］ FRANCOTTE E R. Enantioselective chromatography as a powerful alternative for the preparation of drug enantiomers ［J］. Journal of Chromatography A, 2001, 906 (1/2): 379-397.

［110］ ANGIOLINI L, BENELLI T, GIORGINI L, et al. Synthesis of optically active methacrylic oligomeric models and polymers bearing the side-chain azo-aromatic moiety and dependence of their chiroptical properties on the polymerization degree ［J］. Polymer, 2006, 47 (6): 1875-1885.

［111］ MORIOKA K, ISOBE Y, HABAUE S, et al. Synthesis, chiroptical properties, and chiral recognition ability of optically active polymethacrylamides having various tacticities ［J］. Polymer Journal, 2005, 37 (4): 299-308.

［112］ NAKANO T, SATOH Y, OKAMOTO Y. Asymmetric polymerization of 1- (3-pyridyl) dibenzosuberyl methacrylate and chiral recognition by the obtained optically active polymer having single – handed helical conformation ［J］. Polymer Journal, 1998, 30 （8）: 635 – 640.

［113］ FENG L, HU J W, LIU Z L, et al. Preparation and properties of optically active poly （N – methacryloyl l – leucine methyl ester） ［J］. Polymer, 2007, 48 （13）: 3616–3623.

［114］ BAI J W, ZHANG C H, LIU L J, et al. Synthesis of polymethylacrylamide carrying R – phenylglycine pendant groups and effect of hydrogen bonds on main chain helicity ［J］. European Polymer Journal, 2014, 50: 214–222.

［115］ CHRISTIANSON D W, LIPSCOMB W N. Carboxypeptidase a ［J］. Accounts of Chemical Research, 1989, 22 （2）: 62–69.

［116］ BERG J M. Zinc finger domains: From predictions to design ［J］. Accounts of Chemical Research, 1995, 28 （1）: 14–19.

［117］ HOLLOWAY J M, DAHLGREN R A, HANSEN B, et al. Contribution of bedrock nitrogen to high nitrate concentrations in stream water ［J］. Nature, 1998, 395 （6704）: 785–788.

［118］ SCHMIDTCHEN F P, BERGER M. Artificial organic host molecules for anions ［J］. Chemical Reviews, 1997, 97 （5）: 1609–1646.

［119］ BEER P D, SCHMITT P. Molecular recognition of anions by synthetic receptors ［J］. Current Opinion in Chemical Biology, 1997, 1 （4）: 475–482.

［120］ PU L. Fluorescence of organic molecules in chiral recognition ［J］. Chemical Reviews, 2004, 104 （3）: 1687–1716.

［121］ SAKAI R, SAKAI N Y, SATOH T, et al. Strict size specificity in colorimetric anion detection based on poly （phenylacetylene） receptor bearing second generation lysine dendrons [J]. Macromolecules, 2011, 44 (11): 4249-4257.

[122] CHEN D, LU W, DU G H, et al. A chiral polymer-based turn-on fluorescent sensor for specific recognition of hydrogen sulfate [J]. Journal of Polymer Science Part A: Polymer Chemistry, 2012, 50 (20): 4191-4197.

[123] SZWARC M, LEVY M, MILKOVICH R. Polymerization initiated by electron transfer to monomer. a new method of formation of block POLYMERS[1] [J]. Journal of the American Chemical Society, 1956, 78 (11): 2656-2657.

[124] OTSU T. Iniferter concept and living radical polymerization [J]. Journal of Polymer Science Part A: Polymer Chemistry, 2000, 38 (12): 2121-2136.

[125] MAYADUNNE R T A, RIZZARDO E, CHIEFARI J, et al. Living radical polymerization with reversible addition-fragmentation chain transfer (RAFT polymerization) using dithiocarbamates as chain transfer agents [J]. Macromolecules, 1999, 32 (21): 6977-6980.

[126] MAYADUNNE R T A, RIZZARDO E, CHIEFARI J, et al. Living polymers by the use of trithiocarbonates as reversible addition-fragmentation chain transfer (RAFT) agents: ABA triblock copolymers by radical polymerization in two steps [J]. Macromolecules, 2000, 33 (2): 243-245.

[127] HAWTHORNE D G, MOAD G, RIZZARDO E, et al. Living radical polymerization with reversible addition-fragmentation chain transfer (RAFT): direct ESR observation of intermediate radicals [J]. Macromolecules, 1999, 32 (16): 5457-5459.

[128] BARNER-KOWOLLIK C, QUINN J F, MORSLEY D R, et al. Modeling the reversible addition-fragmentation chain transfer process in cumyl dithiobenzoate-mediated styrene homopolymerizations: Assessing rate coefficients for the addition-fragmentation equilibrium [J]. Journal of Polymer Science Part A: Polymer Chemistry, 2001, 39 (9): 1353-1365.

[129] BARNER-KOWOLLIK C, QUINN J F, UYEN NGUYEN T L, et al. Kinetic investigations of reversible addition fragmentation chain transfer polymerizations: cumyl phenyldithioacetate mediated homopolymerizations of styrene and methyl methacrylate [J]. Macromolecules, 2001, 34 (22): 7849-7857.

[130] CHIEFARI J, MAYADUNNE R T A, MOAD C L, et al. Thiocarbonylthio compounds (S=C (Z) S—R) in free radical polymerization with reversible addition-fragmentation chain transfer (RAFT polymerization). effect of the activating group Z [J]. Macromolecules, 2003, 36 (7): 2273-2283.

[131] CHONG Y K, KRSTINA J, LE T P T, et al. Thiocarbonylthio compounds [S=C (ph) S—R] in free radical polymerization with reversible addition-fragmentation chain transfer (RAFT polymerization). role of the free-radical leaving group (R) [J]. Macromolecules, 2003, 36 (7): 2256-2272.

[132] SANDRINELLI F, LE ROY-GOURVENNEC S, MASSON S, et al. Synthesis of d-mannofuranosyl-ethanethioamides and the corresponding ethanedithioate, the first C-glycosyl derivative with thioacylating properties [J]. Tetrahedron Letters, 1998, 39 (18): 2755-2758.

［133］ FREGONA D, TENCONI S, FARAGLIA G, et al. Functionalized dithioester and dithiocarbamato complexes of platinum（Ⅱ）halides ［J］. Polyhedron, 1997, 16（21）: 3795-3805.

［134］ DESTARAC M, BZDUCHA W, TATON D, et al. Xanthates as chain-transfer agents in controlled radical polymerization（MADIX）: Structural effect of the O-alkyl group ［J］. Macromolecular Rapid Communications, 2002, 23（17）: 1049-1054.

［135］ HALES M, BARNER-KOWOLLIK C, DAVIS T P, et al. Shell-cross-linked vesicles synthesized from block copolymers of Poly（D, L-lactide）and Poly（N-isopropyl acrylamide）as thermoresponsive nanocontainers ［J］. Langmuir, 2004, 20（25）: 10809-10817.

［136］ STENZEL M H, DAVIS T P. Star polymer synthesis using trithiocarbonate functional β-cyclodextrin cores（reversible addition-fragmentation chain-transfer polymerization）［J］. Journal of Polymer Science Part A: Polymer Chemistry, 2002, 40（24）: 4498-4512.

［137］ CHIEFARI J, BILL CHONG Y K, ERCOLE F, et al. Living free-radical polymerization by reversible addition-fragmentation chain transfer: the RAFT process ［J］. Macromolecules, 1998, 31（16）: 5559-5562.

［138］ LI Y G, WANG Y M, PAN C Y. Block and star block copolymers by mechanism transformation 9: Preparation and characterization of poly（methyl methacrylate）/poly（1, 3-dioxepane）/polystyrene ABC miktoarm star copolymers by combination of reversible addition-fragmentation chain-transfer polymerization and cationic ring-opening polymerization ［J］. Journal of Polymer Science Part A: Polymer Chemistry, 2003, 41（9）: 1243-1250.

［139］ THOMAS D B, SUMERLIN B S, LOWE A B, et al. Conditions for facile, controlled RAFT polymerization of acrylamide in water ［J］. Macromolecules, 2003, 36 (5): 1436-1439.

［140］ PERRIER S, TAKOLPUCKDEE P. Macromolecular design *via* reversible addition - fragmentation chain transfer (RAFT)/xanthates (MADIX) polymerization ［J］. Journal of Polymer Science Part A: Polymer Chemistry, 2005, 43 (22): 5347-5393.

［141］ STENZEL-ROSENBAUM M, DAVIS T P, CHEN V, et al. Star-polymer synthesis *via* radical reversible addition-fragmentation chain-transfer polymerization ［J］. Journal of Polymer Science A Polymer Chemistry, 2001, 39 (16): 2777-2783.

［142］ MAYADUNNE R T A, MOAD G, RIZZARDO E. Multiarm organic compounds for use as reversible chain-transfer agents in living radical polymerizations ［J］. Tetrahedron Letters, 2002, 43 (38): 6811-6814.

［143］ ZHENG Q, PAN C Y. Synthesis and characterization of dendrimer-star polymer using dithiobenzoate-terminated poly (propylene imine) dendrimer *via* reversible addition - fragmentation transfer polymerization ［J］. Macromolecules, 2005, 38 (16): 6841-6848.

［144］ ZHOU G C, HE J B, HARRUNA I I. Self-assembly of amphiphilic tris (2, 2' - bipyridine) ruthenium - cored star - shaped polymers ［J］. Journal of Polymer Science Part A: Polymer Chemistry, 2007, 45 (18): 4204-4210.

［145］ JESBERGER M, BARNER L, STENZEL M H, et al. Hyper-branched polymers as scaffolds for multifunctional reversible addition-fragmentation chain-transfer agents: A route to polystyrene-*core*-pol-

yesters and polystyrene−*block*−poly（butyl acrylate）−*core*−polyesters
［J］. Journal of Polymer Science Part A：Polymer Chemistry，2003，
41（23）：3847−3861.

［146］ QUINN J F，CHAPLIN R P，DAVIS T P. Facile synthesis of comb，
star，and graft polymers *via* reversible addition−fragmentation chain
transfer（RAFT）polymerization［J］. Journal of Polymer Science
Part A：Polymer Chemistry，2002，40（17）：2956−2966.

［147］ WANG S M，CHENG Z P，ZHU J，et al. Synthesis of amphiphilic
and thermosensitive graft copolymers with fluorescence P（St−*co*−
（p−CMS））−*g*−PNIPAAM by combination of NMP and RAFT meth-
ods［J］. Journal of Polymer Science Part A：Polymer Chemistry，
2007，45（22）：5318−5328.

［148］ GAILLARD N，GUYOT A，CLAVERIE J. Block copolymers of acrylic
acid and butyl acrylate prepared by reversible addition−fragmentation
chain transfer polymerization：Synthesis，characterization，and use
in emulsion polymerization［J］. Journal of Polymer Science Part A：
Polymer Chemistry，2003，41（5）：684−698.

［149］ SUMERLIN B S，LOWE A B，THOMAS D B，et al. Aqueous solu-
tion properties of pH−responsive AB diblock acrylamido copolymers
synthesized *via* aqueous RAFT［J］. Macromolecules，2003，36
（16）：5982−5987.

［150］ CHEN M，GHIGGINO K P，MAU A W H，et al. Synthesis of func-
tionalized RAFT agents for light harvesting macromolecules［J］.
Macromolecules，2004，37（15）：5479−5481.

［151］ CHEN M，GHIGGINO K P，MAU A W H，et al. Amphiphilic ace-
naphthylene−maleic acid light−harvesting alternating copolymers：re-

versible addition-fragmentation chain transfer synthesis and fluorescence [J]. Macromolecules, 2005, 38 (8): 3475-3481.

[152] ZHOU N C, LU L D, ZHU X L, et al. Preparation and characterization of anthracene end-capped polystyrene *via* reversible addition-fragmentation chain transfer polymerization [J]. Polymer Bulletin, 2006, 57 (4): 491-498.

[153] ZHOU N C, LU L D, ZHU J, et al. Synthesis of polystyrene end-capped with pyrene *via* reversible addition-fragmentation chain transfer polymerization [J]. Polymer, 2007, 48 (5): 1255-1260.

[154] TAN L X, TAN B E. Hypercrosslinked porous polymer materials: Design, synthesis, and applications [J]. Chemical Society Reviews, 2017, 46 (11): 3322-3356.

[155] GERMAIN J, FRÉCHET J M J, SVEC F. Hypercrosslinked polyanilines with nanoporous structure and high surface area: Potential adsorbents for hydrogen storage [J]. Journal of Materials Chemistry, 2007, 17 (47): 4989-4997.

[156] LI B Y, GONG R N, LUO Y L, et al. Tailoring the pore size of hypercrosslinked polymers [J]. Soft Matter, 2011, 7 (22): 10910-10916.

[157] WOOD C D, TAN B E, TREWIN A, et al. Hydrogen storage in microporous hypercrosslinked organic polymer networks [J]. Chemistry of Materials, 2007, 19 (8): 2034-2048.

[158] WANG X Y, MU P, ZHANG C, et al. Control synthesis of tubular hyper-cross-linked polymers for highly porous carbon nanotubes [J]. ACS Applied Materials & Interfaces, 2017, 9 (24): 20779-20786.

[159] WANG S L, ZHANG C X, SHU Y, et al. Layered microporous polymers by solvent knitting method [J]. Science Advances, 2017, 3

（3）：e1602610.

［160］LAI L M, LAM J W Y, TANG B Z. Synthesis and chiroptical proper-ties of L－valine－containing poly（phenylacetylene）s with（a）chiral pendant terminal groups［J］. Journal of Polymer Science Part A：Polymer Chemistry, 2006, 44（6）：2117-2129.

［161］ISOBE Y, SUITO Y, HABAUE S, et al. Stereocontrol during the free－radical polymerization of methacrylamides in the presence of Lewis acids［J］. Journal of Polymer Science A Polymer Chemistry, 2003, 41（7）：1027-1033.

［162］HE J J, QUIOCHO F A. A nonconservative serine to cysteine muta-tion in the sulfate－binding protein, a transport receptor［J］. Sci-ence, 1991, 251（5000）：1479-1481.

［163］BEER P D, GALE P A. Anion recognition and sensing：The state of the art and future perspectives［J］. Angewandte Chemie（Interna-tional Ed）, 2001, 40（3）：486-516.

［164］FABBRIZZI L, LICCHELLI M, RABAIOLI G, et al. The design of luminescent sensors for anions and ionisable analytes［J］. Coordina-tion Chemistry Reviews, 2000, 205（1）：85-108.

［165］ZHAO Y N, LI J, LI C J, et al. PTSA－catalyzed green synthesis of 1,3,5－triarylbenzene under solvent－free conditions［J］. Green Chemi-stry, 2010, 12（8）：1370.

［166］DAWSON R, STEVENS L A, DRAGE T C, et al. Impact of water coadsorption for carbon dioxide capture in microporous polymer sor-bents［J］. Journal of the American Chemical Society, 2012, 134（26）：10741-10744.

［167］LIDOR－SHALEV O, PLIATSIKAS N, CARMIEL Y, et al. Chiral

metal–oxide nanofilms by cellulose template using atomic layer deposition process [J]. ACS Nano, 2017, 11 (5): 4753–4759.

[168] WULFF G, SARHAN A. Use of polymers with enzyme – analogous structures for the resolution of racemates [J]. Angewandte Chemie International Edition, 1972, 11: 341–343.

[169] WERBER L, PREISS L C, LANDFESTER K, et al. Isothermal titration calorimetry of chiral polymeric nanoparticles [J]. Chirality, 2015, 27 (9): 613–618.

[170] LI W F, LIU X, QIAN G Y, et al. Immobilization of optically active helical polyacetylene – derived nanoparticles on graphene oxide by chemical bonds and their use in enantioselective crystallization [J]. Chemistry of Materials, 2014, 26 (5): 1948–1956.

[171] PREISS L C, WERBER L, FISCHER V, et al. Amino–acid–based chiral nanoparticles for enantioselective crystallization [J]. Advanced Materials, 2015, 27 (17): 2728–2732.

[172] ZHANG D Y, SONG C, DENG J P, et al. Chiral microspheres consisting purely of optically active helical substituted polyacetylene: The first preparation *via* precipitation polymerization and application in enantioselective crystallization [J]. Macromolecules, 2012, 45 (18): 7329–7338.

[173] JONCKHEERE D, STEELE J A, CLAES B, et al. Adsorption and separation of aromatic amino acids from aqueous solutions using metal–organic frameworks [J]. ACS Applied Materials & Interfaces, 2017, 9 (35): 30064–30073.

[174] KUDO H, SANDA F, ENDO T. Synthesis and radical polyaddition of optically active monomers derived from cysteine [J]. Macromolecules,

1999, 32 (25): 8370-8375.

[175] SANDA F, YOKOI M, KUDO H, et al. Synthesis and reaction of β-hydroxyaspartic acid-based polymethacrylate [J]. Journal of Polymer Science Part A: Polymer Chemistry, 2002, 40 (16): 2782-2788.

[176] KUDO H, NAGAI A, ISHIKAWA J, et al. Synthesis and self-polyaddition of optically active monomers derived from tyrosine [J]. Macromolecules, 2001, 34 (16): 5355-5357.

[177] GAO G Z, SANDA F, MASUDA T. Synthesis and properties of amino acid-based polyacetylenes [J]. Macromolecules, 2003, 36 (11): 3932-3937.

[178] ZHAO H C, SANDA F, MASUDA T. Synthesis and helical conformation of poly (N-propargylamides) carrying L-aspartic acid in the side chain [J]. Journal of Polymer Science Part A: Polymer Chemistry, 2005, 43 (21): 5168-5176.

[179] SANDA F, ARAKI H, MASUDA T. Synthesis and properties of serine-and threonine-based helical polyacetylenes [J]. Macromolecules, 2004, 37 (23): 8510-8516.

[180] FU Z, XI X J, JIANG L M, et al. Optically active polymethacrylamides bearing a bulky oxazoline pendant: Synthesis and characterization [J]. Reactive and Functional Polymers, 2007, 67 (7): 636-643.

[181] LU W, LOU L P, HU F Y, et al. Optically active polyacrylamides bearing an oxazoline pendant: Influence of stereoregularity on both chiroptical properties and chiral recognition [J]. Journal of Polymer Science Part A: Polymer Chemistry, 2010, 48 (23): 5411-5418.

［182］ 白建伟，沈贤德，刘文彬，等．以苯甘氨酸基为侧链的光学活性甲基丙烯酰胺聚合物的合成及手性识别能力［J］．高分子学报，2013，44（4）：419-425.

［183］ MORIOKA K, SUITO Y, ISOBE Y, et al. Synthesis and chiral recognition ability of optically active poly ｛N-［(R)-α-methoxycarbonylbenzyl］ methacrylamide｝ with various tacticities by radical polymerization using Lewis acids ［J］. Journal of Polymer Science Part A：Polymer Chemistry, 2003, 41（21）：3354-3360.

［184］ SNOWDEN T S, ANSLYN E V. Anion recognition：Synthetic receptors for anions and their application in sensors ［J］. Current Opinion in Chemical Biology, 1999, 3（6）：740-746.

［185］ GALE P A. Anion coordination and anion-directed assembly：Highlights from 1997 and 1998 ［J］. Coordination Chemistry Reviews, 2000, 199（1）：181-233.

［186］ GALE P A. Anion receptor chemistry：Highlights from 1999 ［J］. Coordination Chemistry Reviews, 2001, 213（1）：79-128.

［187］ CHAKRABORTY D, NANDI S, SINNWELL M A, et al. Hyper-cross-linked porous organic frameworks with ultramicropores for selective xenon capture ［J］. ACS Applied Materials & Interfaces, 2019, 11（14）：13279-13284.

［188］ WANG T Q, XU Y, HE Z D, et al. Microporous organic nanotube networks from hyper cross-linking core-shell bottlebrush copolymers for selective adsorption study ［J］. Chinese Journal of Polymer Science, 2018, 36（1）：98-105.

［189］ HAMEED B H, DIN A T M, AHMAD A L. Adsorption of methylene blue onto bamboo-based activated carbon：Kinetics and equilibrium studies［J］. Journal of Hazardous Materials, 2007, 141（3）: 819-825.

［190］ LI X M, CHEN G, JIA Q. One-pot synthesis of viologen-based hypercrosslinked polymers for efficient volatile iodine capture［J］. Microporous and Mesoporous Materials, 2019, 279: 186-192.

［191］ HO Y S, MCKAY G. Pseudo-second order model for sorption processes［J］. Process Biochemistry, 1999, 34（5）: 451-465.

［192］ 陆思嘉, 马晓雁, 李青松, 等. 金属有机骨架 HKUST-1 对水中微量氨基酸的吸附性能［J］. 中国环境科学, 2019, 39（7）: 2847-2853.

［193］ LIM Y S, KIM J H. Isotherm, kinetic and thermodynamic studies on the adsorption of 13-dehydroxybaccatin Ⅲ from Taxus chinensis onto Sylopute［J］. The Journal of Chemical Thermodynamics, 2017, 115: 261-268.

［194］ HAQUE E, LEE J E, JANG I T, et al. Adsorptive removal of methyl orange from aqueous solution with metal-organic frameworks, porous chromium-benzenedicarboxylates［J］. Journal of Hazardous Materials, 2010, 181（1/2/3）: 535-542.

［195］ AZHAR M R, ABID H R, SUN H Q, et al. Excellent performance of copper based metal organic framework in adsorptive removal of toxic sulfonamide antibiotics from wastewater［J］. Journal of Colloid and Interface Science, 2016, 478: 344-352.

［196］ YANG Y, RIBEIRO A M, LI P, et al. Adsorption equilibrium and kinetics of methane and nitrogen on carbon molecular sieve［J］. Industrial & Engineering Chemistry Research, 2014, 53（43）: 16840-16850.

［197］ ZHOU X Q，FAN J S，LI N，et al. Adsorption thermodynamics and kinetics of uridine 5'－monophosphate on a gel－type anion exchange resin ［J］. Industrial & Engineering Chemistry Research，2011，50 （15）：9270－9279.